Arvind Pratap Singh
R. K. Doharey
Rahul Kumar Singh

Lacuna tecnológica na adoção da cultura da grama verde na Índia

Lacuna tecnológica na adoção da cultura da grama verde na Índia

Arvind Pratap Singh
R. K. Doharey
Rahul Kumar Singh

Lacuna tecnológica na adoção da cultura da grama verde na Índia

ScienciaScripts

Imprint

Any brand names and product names mentioned in this book are subject to trademark, brand or patent protection and are trademarks or registered trademarks of their respective holders. The use of brand names, product names, common names, trade names, product descriptions etc. even without a particular marking in this work is in no way to be construed to mean that such names may be regarded as unrestricted in respect of trademark and brand protection legislation and could thus be used by anyone.

Cover image: www.ingimage.com

This book is a translation from the original published under ISBN 978-620-2-00864-8.

Publisher:
Sciencia Scripts
is a trademark of
Dodo Books Indian Ocean Ltd. and OmniScriptum S.R.L publishing group

120 High Road, East Finchley, London, N2 9ED, United Kingdom
Str. Armeneasca 28/1, office 1, Chisinau MD-2012, Republic of Moldova, Europe
Printed at: see last page
ISBN: 978-620-7-60644-3

ARVIND PRATAP SINGH
R. K. DOHAREY
E
RAHUL KUMAR SINGH
DEPARTMENT OF EXTENSION EDUCATION
NARENDRA DEVA UNIVERSITY OF AGRICULTURE & TECHNOLOGY,
NARENDRA NAGAR (KUMARGANJ), FAIZABAD-224 229 (U.P.)
ÍNDIA

DEDICADO

Para o meu

Querida Tia

O falecido Shri mati Niranjana devi

E

Pais

Arvind

RECONHECIMENTO

*Em primeiro lugar, e acima de tudo, devo o meu profundo sentimento ao todo-poderoso **"Çod"** por me ter dado força para ultrapassar as dificuldades que se colocaram no meu caminho na realização deste projeto e sem cujas bênçãos a minha presente tese não teria existido.*

*Estou muito grato aos membros do comité consultivo, **Dr. S. N. Singh,** S.M.S. Ext.Edu. (Membro da secção principal), **Dr. R.A. Singh,** Prof. Economia e Direção de Investigação (membro da área menor), **Dr. Neeraj Yadav,** Prof. Química (nomeado pelo Reitor)*

*Expresso agora a minha graciosa veneração e gratidão ao Dr. **Akhthar-Haseeb,** Hon'bel Vice-Chanceler, NDUA&T, Kumarganj, Taizabad, ao **Dr. Bhagvan Singh,** Reitor da Faculdade de Agricultura e ao Chefe do Departamento de Extensão Educativa por proporcionar as facilidades necessárias para a realização deste trabalho de investigação sem qualquer obstáculo.*

*Agradeço também ao Dr. **SK Sachan,** ao **Dr. Prakash Singh,** Assot. Prof. Ext. Edu., Sr. Mulpsh Srivastava, ShriArvindKumar, assistente de laboratório, que me abençoaram durante o meu trabalho. Incluindo o pessoal não docente e outros membros do pessoal do Departamento de Educação para a Extensão, por disponibilizarem as instalações necessárias e pela ajuda cordial sempre que necessário.*

*As palavras são inadequadas para expressar o amor e a gratidão à minha avó e ao meu pai, **Smt. Qayapal Singh** e aos meus queridos pais Sr. **Durg Vijai Singh** e Sra. **Kusma Devi, ao** meu tio **Sr. Ran Vijay Singh** e Sra. **Çeeta Devi,** e ao meu irmão mais velho **Sr. Devendra Pratap Singh** e Bhabhi **Sra. Kamnee Singh** e à minha sobrinha **Ku. Anika Singh** e membros da família pelo seu constante encorajamento e inspiração durante o curso do meu estudo.*

Depois disso, estou grato a todos aqueles que me ajudaram no meu trabalho de investigação, mas esses nomes não são lembrados quando estou a fazer este manuscrito.

(Arvind Pratap Singh) (R. K. Doharey) e (Rahul Kumar Singh)

ÍNDICE DE CONTEÚDOS

ABREVIATURAS UTILIZADAS

A.D.Os.	:	Assistant Development officer
B.D.Os.	:	Block Development Officer
V.D.Os.	:	Village Development Officers
S.D.A.E.Os.	:	Sub-Divisional Agriculture Extension Officer
K.S.	:	Kisan sahayak
et al.	:	et alli (co authors)
etc.	:	Et cetera
Fig.	:	Figure
H.Q.	:	Head quarter
ha	:	Hectare
i.e.	:	That is
ICAR	:	Indian Council of Agriculture Research
SAU	:	State Agriculture University
Kg	:	kilogram
lt.	:	Litre
IPM	:	Integrated Pest Management
Max.	:	Maximum
Min.	:	Minimum
NGO	:	Non-Government organizations
NPB	:	Nuclear Polyhedrons Virus
No.	:	Number
Rs.	:	Rupees
S. No.	:	Serial number
S.D.	:	Standard Deviation
SITRA	:	Supply of Improved Tools Kits to Rural Artisans
T&V	:	Training and Visit System
TOT	:	Transfer of Technology
%	:	Percent
viz.	:	Videlicet, namely
$_0$C	:	Degree Celsius (formerly degree centigrade)
C.D.	:	Community Development

mm	:	millimeter
CI	:	Chemical Insecticides.
MT	:	Million tonnes.
cv.	:	Cultivar

Capítulo I

INTRODUÇÃO

O papel das leguminosas secas na agricultura indiana quase não precisa de ser realçado A Índia é um dos principais países produtores de leguminosas secas. As leguminosas secas são parte integrante do sistema de cultivo dos agricultores de todo o país, porque se enquadram bem na rotação de culturas e nas misturas de culturas seguidas por eles. As leguminosas secas são componentes importantes da dieta indiana e fornecem uma parte importante das necessidades proteicas. Além de serem ricas em proteínas e em alguns dos aminoácidos essenciais, as leguminosas enriquecem o solo através da fixação simbiótica de azoto proveniente da atmosfera.

Na Índia, a produção alimentar total em 1999-2000 foi de cerca de 209 milhões de toneladas, das quais apenas 13,4 milhões de toneladas foram produzidas por leguminosas. A produção de cereais aumentou 460 por cento desde 1950-51, mas a produção de leguminosas aumentou apenas 178 por cento. Existe uma escassez de leguminosas no país. Os preços aumentaram consideravelmente e as leguminosas no país. Os preços aumentaram consideravelmente e o consumidor está a ser duramente atingido para comprar as suas necessidades. A disponibilidade de leguminosas por habitante e por dia diminuiu proporcionalmente de 71 g (1955) para 36,9 g (1998) contra a necessidade mínima de 70 g por habitante e por dia. Não existe grande possibilidade de importação de leguminosas para o país. A produção de leguminosas tem de ser aumentada internamente para satisfazer a procura. O moong, vulgarmente conhecido por moong, é a cultura de leguminosas mais importante da Índia. Só a Índia tem quase 52,5% da média mundial e da produção de grama verde. O moong ocupa cerca de 38% da área cultivada com leguminosas e contribui com cerca de 50% da produção total de leguminosas da Índia. A produção, estimada em 17,29 milhões de toneladas, é um recorde histórico. O anterior recorde de produção de leguminosas foi de 14,91 milhões de toneladas durante o ano de 2003-04. Entre as leguminosas da kharif (7,3 milhões de toneladas), a produção de feijão-frade (3,15 milhões de toneladas) e de grama-preta (1,82 milhões de toneladas) deverá atingir o nível mais elevado de sempre. Prevê-se igualmente uma colheita abundante de leguminosas rabi em 2013-14. O recorde histórico de produção de 17,29 milhões de toneladas poderá ser possível principalmente devido à disponibilidade de sementes de qualidade para os produtores de leguminosas. Para além da disponibilidade de sementes de qualidade de variedades de elevado rendimento, o forte apoio tecnológico, a monção favorável, o aumento dos preços mínimos de apoio e programas governamentais eficazes ajudaram a aumentar a produção de leguminosas no país. No distrito de Fatehpur, a área cultivada de grama verde era de 1035 ha. A área cultivada com grama verde e a produção foi de 540 qtl/ha. E a produtividade foi de 5,22 qtl/ha. Em (2013-14).

É utilizada tanto para consumo humano como para alimentação dos animais. É consumido inteiro ou cozido e salgado ou, mais geralmente, sob a forma de pulso dividido, que é cozinhado e comido. Tanto as cascas como os pedaços de "dal" são alimentos valiosos para o gado; as folhas verdes frescas são utilizadas como vegetais (sag); a palha de moong é uma excelente forragem para o gado. Os grãos também são utilizados como legumes. Considera-se que o moong tem efeitos medicinais e é utilizado para a purificação do sangue. O moong contém 25 por cento de proteínas.

Na Índia, as leguminosas são desde há muito consideradas como a única fonte de proteínas dos pobres. As leguminosas são cultivadas numa área de 22-23 milhões de hectares, com uma produção anual de 13-15 milhões de toneladas (MT). A Índia representa 33% da superfície mundial e 22% da produção mundial de leguminosas. As principais culturas de leguminosas cultivadas na Índia são o grão-de-bico, o feijão bóer, a lentilha, o feijão-mungo, o feijão-frade e a ervilha forrageira. Cerca de 90% da área mundial de feijão bóer, 65% do grão-de-bico e 37% da área de lentilhas situa-se na Índia, correspondendo a 93%, 68% e 32% da produção mundial, respetivamente (FAOSTAT 2009). Devido à estagnação da produção, a disponibilidade líquida de leguminosas desceu de 60 gm./dia/pessoa em 1951 para 31 gm./dia/pessoa (o Conselho Indiano de Investigação Médica recomenda 65 gm./dia/capita) em 2008.

O moong é conhecido neste país há muito tempo. Diz-se que é um dos legumes mais antigos conhecidos e cultivados desde tempos remotos, tanto na Ásia como na

Europa. O seu local de origem provável é a Ásia Central, ou seja, os países situados a noroeste da Índia, como o Afeganistão e a Pérsia. Segundo Vavilov (1926), o moong é originário da Índia e da Ásia Central.

O Moong é uma das principais culturas de leguminosas do mundo, cultivada numa área de 12,0 milhões de hectares, com uma produção de cerca de 9,2 milhões de toneladas de grão (1999). Os principais países produtores de grama verde são a Índia, o Paquistão e a China. A importante cultura de grama verde ocupa o primeiro lugar no mundo em termos de produção e de área cultivada, seguida pelo Paquistão.

É a cultura de leguminosas mais importante da Índia, ocupando uma área de 6,3 milhões de hectares com uma produção de 5,1 milhões de toneladas. O rendimento médio do moong é de apenas 1200-1500 kg. Por hectare. As principais zonas de produção de moong situam-se em Madhya Pradesh, Rajasthan, Uttar Pradesh, Haryana, Maharashtra e Punjab. A área e a produção de cereais em vários Estados da Índia são indicadas no Anexo 13. O número de cromossomas é 2n = 24.

O Moong pertence à família Leguminaseae. Trata-se de uma planta herbácea pequena, muito ramificada, que raramente ultrapassa os 60 centímetros de altura. A descrição botânica da parte principal da planta de grama verde é a seguinte

O moong tem um sistema radicular bem desenvolvido. As raízes incluem geralmente uma raiz central forte com numerosos ramos laterais que se estendem em todas as direcções na camada superior dos solos, onde se encontram numerosos nódulos nas raízes. As bactérias rhizobium presentes nos nódulos fixam o azoto atmosférico.

O caule tem geralmente um aspeto amarelado e é ramificado, com pêlos granulosos. O ramo principal da grama verde não produz geralmente mais do que um rebento secundário, mas em alguns tipos os ramos principais podem produzir numerosos ramos laterais.

As folhas são trifoliadas e com pecíolos longos. No entanto, o número e o tamanho dos folíolos variam consoante os tipos. As folhas estão cobertas de pêlos glandulares. A cor das folhas também varia, sendo algumas de cor verde-clara e outras de cor verde-escura, enquanto alguns tipos possuem folíolos com margens vermelhas.

As flores são de várias tonalidades de amarelo e são produzidas em cacho. As flores são geralmente solitárias e estão presentes nas axilas das folhas. A tese permanece aberta durante dois dias, terminando o processo de floração no início do segundo dia. A autopolinização é a regra, mas a polinização cruzada pode ocorrer em cerca de 5-10% devido à ação dos insectos. A vagem tem cerca de 6-10 cm de comprimento.

As sementes são baças ou brilhantes. O tamanho e a cor das sementes variam muito, podendo ser verdes, pretas, castanhas ou amareladas. O invólucro da semente pode ser liso ou enrugado, os cotilédones são grossos e de cor amarelada.

O moong é uma cultura de inverno e de verão, mas o frio intenso e as geadas são prejudiciais. As geadas no momento da floração fazem com que as flores não desenvolvam sementes ou que as sementes morram dentro da vagem. É geralmente cultivada em condições de chuva, mas dá bons rendimentos também em condições de regadio. Chuvas excessivas logo após a sementeira ou na floração e frutificação ou tempestades de granizo na maturação causam grandes perdas. É mais adequado para zonas com perdas. É mais adequada para zonas com precipitação moderada de 60-90 centímetros por ano.

O moong é cultivado numa grande variedade de solos na Índia. Em Maharashtra e no planalto de Deccan, são utilizados solos de algodão preto. Em Punjab, Utter Pradesh, Haryana e Rajasthan, são preferidos os solos ligeiros, na sua maioria franco-arenosos, mas a grama é cultivada em todos os tipos de solos, sendo os mais adequados os franco-arenosos e os franco-argilosos. O melhor tipo de solo para o moong é aquele que é bem drenado e não demasiado pesado. Em solos secos e leves, as plantas permanecem curtas, enquanto em solos pesados com capacidade de retenção de água o crescimento vegetativo é abundante, a luz torna-se limitante e a frutificação é retardada. No entanto, não é adequado para solos com um pH superior a 8,5.

Produção de goma verde na Índia:

Quadro 1.1: Produção de grama verde durante 2012-13 a 2014-15

Pulse/ Year	2012-13	Share in total production (%)	2013-14	Share in total production (%)	2014-15*	%Share in total production
Green gram	1186.2	6.47	1610.00	8.13	1510.00	8.77

*: Com base nas estimativas do 4.º Avanço   (Unidade: Mil Tons)

Fonte: Direção de Economia e Estatística (DES)

Quadro-1.2: Área, produção e rendimento de grama verde em Uttar Pradesh:

Year	Area (ha)	Production (tonnes)	Yield (kg/ha)
2010-11	78.0	45.0	577
2011-12	86.0	59.0	686
2012-13	75.0	50.0	667
2013-14	79.0	39.0	494
2014-15	78.0	39.0	500

$*_2$nd Advance estimate

Apesar de todos os esforços envidados, a grama verde lamenta a sua fraca rentabilidade. Isto pode ser atribuído ao facto de a quantidade necessária de grama verde ser menor devido à baixa produtividade. Por conseguinte, é urgentemente necessário aumentar a produtividade do moong para que a população possa dispor do nível necessário de abastecimento, por um lado, e provar o seu valor quando comparado com as culturas predominantes na zona, por outro. Assim, a tecnologia deve ser desenvolvida e os constrangimentos devem ser reduzidos com base nas várias categorias de agricultores. Assim, o presente estudo, intitulado "Study on technological gap in adoption of green gram (summer season) cultivation in Malwan block of Fatehpur district (U.P.)" (Estudo sobre as lacunas tecnológicas na adoção da cultura da grama verde (estação do verão) no bloco de Malwan do distrito de Fatehpur (U.P.)). O resultado seria mais benéfico para os agricultores de U.P. Assim, o estudo foi realizado com base nos seguintes objectivos

1. Estudar o perfil sócio-económico dos inquiridos.

2. Estudar os conhecimentos e o grau de adoção dos agricultores sobre as práticas tecnológicas de cultivo da grama verde (estação do verão).

3. Estudar os constrangimentos enfrentados pelos agricultores na adoção de práticas tecnológicas de cultivo de grama verde (estação do verão).

4. Procurar medidas correctivas para ultrapassar os constrangimentos na adoção de práticas tecnológicas de cultivo.

Justificação do estudo:

Várias instituições têm efectuado várias investigações para aumentar a produção e a produtividade da grama verde. No entanto, existem certas limitações que impedem a utilização óptima dos recursos e a obtenção do rendimento máximo de grama verde. Por conseguinte, para descobrir essas limitações, o presente estudo foi planeado para ser realizado na área de U.P., onde a grama verde está a ser cultivada como principal cultura de leguminosas. As conclusões do presente estudo podem ser utilizadas por cientistas agrícolas/estudiosos e agricultores.

Limitações do estudo:

1. O presente estudo limita-se apenas ao cultivo de grama verde (época de verão).

2. Os mesmos inquiridos não forneceram corretamente as suas informações sobre alguns itens do estudo, devido a um conhecimento deficiente e à iliteracia.

3. Apesar das repetidas visitas às aldeias para entrevistar os chefes de família seleccionados, não foi possível contactá-los, pelo que foram seleccionados outros inquiridos para serem entrevistados em sua substituição.

A cultura da grama verde (estação estival) confere aos agricultores as seguintes vantagens

1. Permite a melhor utilização das terras em pousio durante os meses quentes, de inverno e de verão, sem custos adicionais.

2. Proporciona a utilização mais eficaz dos recursos de irrigação disponíveis, especialmente os poços tubulares, onde os encargos com a eletricidade são cobrados a uma taxa fixa.

3. Fornece grãos valiosos no mais curto espaço de tempo possível.

4. Aumenta a produtividade global da terra.

5. Mantém o agricultor ocupado durante a época baixa, proporcionando-lhe emprego adicional a ele e à sua família.

6. Enriquece também o solo, tanto pela fixação simbiótica do azoto como pela adição de matéria verde, se não for utilizada como forragem.

Causas da baixa produção:

A área e a produção de leguminosas secas estão praticamente estagnadas nas últimas três décadas. Esta estagnação deve-se principalmente à escassez de variedades de curta duração, de alto rendimento e resistentes a doenças e pragas, ao cultivo destas culturas em condições de chuva, de stress hídrico e de fertilidade marginal e a uma má gestão das culturas. As causas da baixa produção também se devem a factores climáticos, à tecnologia de produção e de proteção, a actividades pós-colheita complexas, a investigação de base inadequada, à indisponibilidade de sementes de qualidade, a uma rede de extensão e de comercialização deficiente e à falta de atenção dos decisores políticos.

Conselhos para aumentar a produção de grama verde (época de verão):

Seguem-se as sugestões que podem ser úteis para acelerar a produção de leguminosas.

1. Aumento da superfície cultivada com grama verde.

2. As sementes de alta qualidade da cultura de grama verde devem ser produzidas em quantidade suficiente, apoiadas por uma distribuição adequada.

3. Devem ser realizadas investigações de base sobre tecnologias de produção científicas e os agricultores devem ser informados atempadamente sobre estas tecnologias recentes.

4. Desenvolvimento de medidas adequadas de proteção das plantas.

5. Os agricultores devem ser sensibilizados para a importância e utilização da cultura de rizóbios.

6. A cultura da grama verde deve ser efectuada em terras férteis.

7. A cultura da grama verde deve ser plantada atempadamente com uma densidade de plantas adequada.

8. Devem ser concedidos empréstimos e subsídios aos factores de produção para a produção vegetal.

9. Criação de indústrias à base de leguminosas, às quais deve ser concedido um subsídio especial.

Capítulo II

REVISÃO DA LITERATURA

Foram efectuados poucos estudos científicos no domínio do défice de conhecimentos tecnológicos para a produção de diferentes culturas. As versões investigadas tentaram estudar as lacunas de adoção e os constrangimentos à produção. Tendo em conta os objectivos do presente estudo, intitulado **"Estudo das lacunas tecnológicas na adoção da cultura da grama verde (estação do verão) no bloco de Malwan do distrito de Fatehpur (U.P.)"**. A revisão da literatura disponível divide-se nas seguintes partes.

1. Estudos sobre o perfil socioeconómico dos inquiridos.

2. Estudos sobre o conhecimento e o grau de adoção pelos agricultores das práticas tecnológicas de cultivo da grama verde (estação do verão).

3. Estudos sobre os constrangimentos enfrentados pelos agricultores na adoção de práticas tecnológicas de cultivo de grama verde (estação do verão).

4. Estudos sobre medidas correctivas para ultrapassar os constrangimentos na adoção de práticas culturais tecnológicas.

1. **Perfil sócio-económico dos inquiridos:**

Goswami *et al.* (2003) revelaram que a maioria dos agricultores tem uma lacuna tecnológica média. As variáveis independentes (categoria dos agricultores, habilitações literárias do agricultor, posse de materiais, tipo de habitação, exposição aos meios de comunicação social, cosmopolitismo pessoal, localidade pessoal, orientação para o mercado e orientação para a produção) estavam significativamente relacionadas com a variável dependente (disparidade tecnológica).

Prasad e Joseph (2005) revelaram que o fosso tecnológico era significativamente menor na aldeia adoptada do que na não adoptada e que as características socioeconómicas e comunicacionais dos agricultores, como a educação, a motivação económica, a orientação para o crédito, o contacto com a extensão, a orientação para a gestão e a exposição aos meios de comunicação social, desempenhavam um papel significativo.

Kumar *et al.* (2008) concluíram que a educação, a participação social, o estatuto socioeconómico, a dimensão da propriedade, a área cultivada com arroz, o rendimento anual, as fontes de informação, o cosmopolitismo, as instalações de irrigação, o padrão de cultivo, a intensidade de cultivo, o nível de conhecimentos, a orientação para o risco e a motivação económica apresentavam uma correlação negativa e significativa com a lacuna tecnológica, ao passo que a idade dos produtores de arroz inquiridos apresentava uma correlação positiva e significativa. No entanto, a dimensão da família, o rendimento proveniente da cultura do arroz e a atividade profissional não apresentaram uma correlação significativa com a diferença tecnológica.

Patel *et al.* (2009) constataram que a maioria dos produtores de soja tinha um nível médio de utilização de fontes de informação, contacto geral com agências de extensão, orientação científica, conhecimento e adoção e lacuna tecnológica. As fontes de informação não estavam significativamente correlacionadas com a lacuna tecnológica, enquanto a correlação entre o contacto com as agências de extensão, a orientação científica, o conhecimento e a adoção era negativa e altamente significativa com a lacuna tecnológica na tecnologia de produção de soja recomendada.

Walke *et al.* (2009) observaram que a idade, a escolaridade, a área cultivada com brinjais, o rendimento anual e o nível de conhecimentos estão significativamente associados à lacuna tecnológica.

Patel *et al.* (2010) revelaram que a maioria dos inquiridos praticava a agricultura como ocupação principal e tinha um rendimento anual de Rs. 40 001/- a Rs. 60 000/-, com uma pequena propriedade fundiária e tinha adquirido crédito a curto prazo junto de uma sociedade cooperativa. A maioria deles tinha uma lacuna tecnológica geral média na tecnologia de produção de soja recomendada. A ocupação e a aquisição de crédito não estavam significativamente relacionadas com a lacuna tecnológica, ao passo que o rendimento anual e a dimensão da propriedade fundiária estavam negativa e significativamente relacionados com a lacuna tecnológica relativamente à tecnologia de produção de soja recomendada.

Patel *et al.* (2011) revelaram que as variáveis independentes, nomeadamente a educação, o rendimento anual, a orientação científica, a preferência pelo risco, a motivação económica e o conhecimento, tinham uma correlação negativa e significativa com a lacuna tecnológica global dos produtores de algodão.

Nehra (2011) revelou que o avanço tecnológico, uma rede de extensão eficiente, condições climáticas favoráveis e um mercado estável são considerados essenciais para atingir o rendimento potencial da grama verde.

Okuthe (2014) constatou que o estudo sublinhou a grande importância do reforço dos grupos sociais para aumentar a adoção de tecnologias INRM. O estudo será importante para os planificadores, decisores políticos, investigadores, extensionistas e agricultores, para justificar as intervenções sobre INRM no sector do desenvolvimento para uma agricultura e um desenvolvimento rural melhorados e sustentáveis.

Pawal *et al.* (2014) concluíram que a maioria dos inquiridos (70,00%) tinha uma experiência agrícola média e tinha (35,00%) educação até ao nível do ensino secundário. A maioria dos produtores de hortaliças (41,66%) tinha uma propriedade média, um rendimento anual médio (48,33%), um contacto médio com a extensão, uma participação social média, uma orientação média para o risco, uma orientação média para o mercado e um nível de conhecimento médio (68,33%). A maioria das características dos produtores de beringela tinha uma relação negativa e significativa com o défice de adoção.

2.   Conhecimento e grau de adoção:

Patel *et al.* (2001) revelaram que a maioria dos agricultores tinha uma lacuna de adoção de nível médio. Verificou-se uma diferença significativa na diferença tecnológica entre os agricultores com pequenas e grandes explorações.

Singh e Gajja (2002) constataram que o défice de adoção era evidente no que se refere às variedades de elevado rendimento recomendadas, ao tratamento das sementes, à aplicação de fertilizantes e às medidas fitossanitárias em todas as culturas e tanto entre os agricultores beneficiários como entre os não beneficiários.

Das e pal (2003) revelaram que a diferença tecnológica foi medida para a data de transplante, a data de colheita e os níveis de aplicação de N, P e K. Verificou-se uma grande diferença entre a prática dos agricultores e a prática da estação de investigação em termos dos parâmetros estudados. Foi encontrado um coeficiente de correlação simples entre as variáveis dependentes e independentes, em que a idade dos inquiridos, a exploração de regadio, a exploração total da terra com a data de transplantação e o nível de N com a educação mostraram uma relação significativa a diferentes níveis de significância.

Kumar *et al.* (2008) concluíram que cerca de três quartos dos produtores de arroz inquiridos pertenciam à categoria de lacuna tecnológica média. A lacuna tecnológica média dos produtores de arroz inquiridos era de 40,20 por cento. Além disso, foi observada uma maior lacuna tecnológica no tratamento de sementes, gestão da água, gestão de doenças, variedades melhoradas e gestão de pragas de insectos.

Dhakane *et al.* (2009) revelaram que a maioria (87,33%) dos viticultores tinha conhecimentos completos sobre o tipo de solo recomendado, a lavoura preparatória (88,00%), o porta-enxerto utilizado para a cultura da uva (79,33%), a seleção de variedades melhoradas (94,66%), a época de plantação (92,66%), a distância e a direção da plantação (48,00%), a formação dos pomares de uva (97,33%) e a poda das uvas (98,66%).

Jadav e Solanki (2009) revelaram que mais de metade dos produtores de manga apresentavam um défice tecnológico de nível médio no que respeita à tecnologia de produção de manga melhorada. Quase todas as variáveis independentes, com exceção da idade e da dimensão da família, estavam negativamente correlacionadas com o grau de lacuna tecnológica na adoção de tecnologia de produção de manga melhorada.

Burman et al. (2010) constataram que o estudo sobre as lacunas na adoção de tecnologias nas principais culturas de leguminosas tinha sido identificado tanto em culturas de sequeiro como de regadio. A lacuna global na adoção de tecnologias era maior na situação de sequeiro do que na situação de regadio.

Bhatia *et al.* (2011) constataram que os produtores de cogumelos, que cultivam cogumelos em recintos fechados, dão emprego aos jovens desempregados e aos pequenos agricultores para melhorar o seu estatuto social e obter um rendimento suplementar para além das culturas arvenses.

Khuspe e Kadam (2012) concluíram que o estudo da lacuna de adoção foi feito em termos de perfil dos produtores de grão-de-bico, conhecimentos e relação da variável independente com a lacuna de adoção e os constrangimentos enfrentados pelos produtores de grão-de-bico. Verificou-se que a maioria dos inquiridos tinha experiência agrícola média, posse de terras, orientação para o risco, motivação económica, etc. Observou-se que a maioria dos inquiridos tinha um nível médio de lacuna de adoção.

Biradar *et al.* (2013) revelaram que mais de um terço dos agricultores (35,00%) tinha um conhecimento elevado, seguido de um nível de conhecimento médio (33,33%) sobre as práticas de cultivo da malagueta. Além disso, o estudo revelou que os agricultores tinham um conhecimento elevado sobre as práticas, nomeadamente o momento da aplicação de FYM e a utilização de reguladores de crescimento (96,67%), a doença do complexo murda (95,00%), o número de plântulas por colina e a quantidade de fertilizante a aplicar (93,33%), a utilização da variedade recomendada (89,17%), a doença do oídio (88,33%), a transplantação (87,50%) e os ácaros (85,00%).

Sharma *et al.* (2013) verificaram que havia uma diferença significativa na extensão da adoção de tecnologias melhoradas de cultivo de grama verde entre agricultores FLD e não-FLD. Isto pode dever-se ao facto de o programa FLD ter sido eficaz na mudança de atitude, no conhecimento e na adoção de tecnologias melhoradas de gramíneas verdes, tendo também melhorado a relação entre os agricultores e os cientistas e criado confiança entre eles.

Basanayak *et al.* (2014) revelaram que 41,33% dos inquiridos pertenciam à categoria de lacuna tecnológica média, seguidos de 32,00% e 26,67 inquiridos pertencentes às categorias de lacuna tecnológica alta e baixa, respetivamente. Foi observada uma maior lacuna tecnológica no que diz respeito ao controlo de doenças.

Divya e Sivakumar (2014) revelaram que 43,75% dos agricultores com contrato tinham um elevado nível de adoção, seguido de um nível de adoção médio (38,75%). No caso dos agricultores sem contrato, 37,50% tinham um nível de adoção elevado, enquanto 30,00% tinham um nível de adoção médio.

Sabi *et al.* (2014) observaram que a maioria dos inquiridos (49,16%) tinha um nível médio de conhecimentos sobre as práticas recomendadas para a cultura do trigo. Observou-se um conhecimento mais elevado no caso das variedades, do momento correto de aplicação de FYM, das principais pragas e doenças da cultura, enquanto o menor conhecimento foi observado no caso do tratamento de sementes com *Azospirillum.*

3.	Extensão das restrições:

Pandey (2000) revelou que a falta de capital, de instalações de irrigação, de conhecimento da nova tecnologia, de condições do solo, de instalações de armazenamento e de fornecimento atempado de factores de produção eram responsáveis pela diferença observada no rendimento da cultura em estudo.

Rai *et al.* (2000) descobriram que os agricultores da categoria baixa tinham altos níveis de lacunas tecnológicas no que diz respeito às variedades recomendadas, ao uso de fertilizantes, ao momento da aplicação de fertilizantes e às práticas interculturais para quatro culturas: trigo, arroz, arhar [Cajanus cajan] e grama. Os principais constrangimentos expressos pelos agricultores foram: falta de informação sobre técnicas adequadas de rotação de culturas e de cobertura vegetal; e o atraso na prestação de serviços por parte das agências governamentais.

Yadav e Singh (2001) revelaram que o elevado custo dos fertilizantes, o desconhecimento das doses recomendadas e a falta de orientação técnica constituíam as principais limitações dos produtores agrícolas na adoção das doses recomendadas de fertilizantes, ao passo que a falta de conhecimentos e a falta de serviços de extensão constituíam as principais limitações responsáveis pelas lacunas relativas ao momento da aplicação dos fertilizantes.

Prakash *et al.* (2003) descobriram que os principais constrangimentos percebidos pelos agricultores eram: fornecimento errático de energia para irrigação (91,75%);

falta de facilidades de transporte (85,75%); e indisponibilidade de produtos químicos para proteção das plantas (85,75%). As características socioeconómicas dos inquiridos também foram examinadas.

Dalvi *et al.* (2004) observaram que a extensão da lacuna tecnológica experimentada pelos agricultores foi de 25,90% para medidas de proteção das plantas e para a utilização de fertilizantes 22,58%, utilização de FYM/composto 18,09%, tratamento de sementes 17,33%, sementes e sementeira 12,07% e a lacuna tecnológica composta foi de 19,16%.

Howal *et al.* (2010) observam que uma maioria de 68,75% dos cultivadores de romã inquiridos se encontrava num nível médio de lacuna tecnológica, enquanto 19,53% se encontravam num nível elevado de lacuna tecnológica e 11,71% num nível baixo de lacuna tecnológica. A lacuna tecnológica média do cultivador de romã inquirido foi de 29,46%.

Vaidkar *et al.* (2011) descobriram que o sistema de extensão não foi percolado na base. Como alguns agricultores estão no grupo de elevado nível de adoção, ou seja, se alguns podem adotar tecnologia a um nível elevado, deve ser possível para outros agricultores num determinado ambiente agro-climático atingir esse nível, relaxando os constrangimentos que enfrentam. Por conseguinte, é necessário melhorar o sistema de extensão, de modo a torná-lo mais responsável perante os agricultores.

Shivalingaiah e Reddy (2012) revelaram que as principais restrições de produção percebidas pelos produtores de amendoim eram o alto custo dos insumos (95,33%), a indisponibilidade de sementes melhoradas a tempo (93,33%), a distribuição errática da precipitação (92,00%), a indisponibilidade e aplicação inadequada de micronutrientes (90,66%), o alto custo das medidas de proteção das plantas (89,33%).

Thorat *et al.* (2012) revelaram que a maioria dos inquiridos (72,67%) se encontrava na categoria média de lacuna tecnológica. Enquanto a lacuna tecnológica máxima foi encontrada nas medidas de proteção das plantas. Os principais constrangimentos enfrentados pelos agricultores foram, por ordem, a indisponibilidade de um canal de comercialização adequado, o custo dos fertilizantes, a indisponibilidade atempada dos enxertos necessários, a falta de conhecimentos sobre a armadilha Rakshak, o custo dos insecticidas, a falta de conhecimentos sobre o cortador Amar loranthus e os recursos hídricos a grande distância.

Nirmala (2014) constatou que os principais constrangimentos na realização do rendimento potencial são: o problema da submersão, pragas, infestação de ervas daninhas e deficiência de nutrientes (uma pontuação Garrett de 70, 60, 56 e 49, respetivamente). A adoção de variedades tolerantes à submersão específicas do local e o pacote de práticas recomendado ajudariam os agricultores a realizar o rendimento potencial na área de estudo. Uma vez que a maioria dos agricultores na área de estudo tem pequenas propriedades e terras marginais, eles precisam de facilidades de crédito para adquirir insumos críticos combinados com serviços de extensão oportunos.

4. Medidas correctivas para ultrapassar os constrangimentos na adoção de práticas culturais tecnológicas:

Singh *et al.* (2000) concluíram que os vários constrangimentos que afectam o grau de adoção de tecnologia impedem o controlo eficaz das pragas e o elevado custo do equipamento agrícola melhorado.

Singh e Lall (2001) sugeriram que os agricultores da cultura do arroz comunicaram uma lacuna máxima de 54% em relação aos métodos de aplicação de herbicidas através da difusão por mistura com ureia/areia e uma lacuna mínima (3%) em relação à recomendação da fase de aplicação de herbicidas, adoptando a gestão integrada das ervas daninhas. Na cultura do trigo, nenhum dos agricultores utilizou apenas a monda manual para controlar as ervas daninhas. Os inquiridos adoptaram a gestão química ou integrada das infestantes. A lacuna média global nas práticas de gestão de infestantes na cultura do arroz foi de 25%. A lacuna tecnológica média máxima de 31,4% na cultura do trigo foi encontrada no caso da monda química, seguida da gestão integrada das infestantes, com 20,3%. A média global das lacunas nas práticas de gestão das infestantes na cultura do trigo foi de 25,8%.

Jaiswal *et al.* (2002) revelaram que a adoção parcial era o resultado de vários factores, nomeadamente, restrições económicas, factores situacionais e lacunas de comunicação no que diz respeito à proteção das plantas, tratamento de sementes e doses de fertilizantes.

Singh *et al.* (2002) observaram que a lacuna tecnológica global era de 25,92%. No que diz respeito aos constrangimentos, os produtores de cogumelos enfrentaram a indisponibilidade de semente de qualidade, dificuldade em fazer composto, dificuldade em manter a humidade adequada no composto, e ausência ou escassez de unidades de agro-processamento. A falta de conhecimento dos avanços actuais para o cultivo de cogumelos foi o constrangimento mais sério.

Sharma *et al.* (2003) revelaram uma grande diferença de adoção, que foi mais elevada na utilização de micronutrientes (99%) e mais baixa na preparação adequada dos campos (10%). Foi também observada uma grande diferença entre o rendimento potencial e o rendimento efetivo, que pode ser atribuída a várias limitações, nomeadamente a gestão das culturas, a gestão da mão de obra e as limitações infra-estruturais.

Singh (2007) revelou que 68,2% dos agricultores pertenciam à categoria de lacuna tecnológica média e que existia uma lacuna tecnológica elevada no tratamento de sementes, método de sementeira, dose, tempo e método de aplicação de fertilizantes e herbicidas, irrigação e medidas de proteção das plantas. Das 16 variáveis, 9 variáveis, nomeadamente, educação, casta, instalações de irrigação, tipo de família, contacto com a extensão, fontes de informação e conhecimentos, estavam negativa e significativamente correlacionadas com a lacuna tecnológica global, ao passo que a idade e a experiência agrícola estavam positiva e significativamente correlacionadas com a lacuna tecnológica global. As 16 variáveis independentes, no seu conjunto, explicaram 53,7% da variação da diferença tecnológica, e os conhecimentos dos agricultores foram o fator de previsão mais importante da diferença tecnológica.

Kumar *et al.* (2008) revelaram que as principais sugestões feitas pelos produtores de arroz inquiridos para minimizar o fosso tecnológico foram o desenvolvimento de uma rede de irrigação com ajuda governamental, o fornecimento de sementes de qualidade com conhecimentos técnicos e a formação sobre as principais práticas aos agricultores necessitados.

Dhakane *et al.* (2009) constataram que a maioria dos viticultores sugeriu que fossem tomadas disposições adequadas para a obtenção de preços remuneradores e que lhes fosse disponibilizada informação sobre os preços de mercado dos diferentes mercados. Também solicitaram informações sobre as medidas de controlo de pragas e doenças.

Simtowe *et al.* (2011) revelaram que apenas 33% dos agricultores da amostra tinham conhecimento das variedades melhoradas de feijão-frade, o que consequentemente restringiu a taxa de adoção da amostra de variedades melhoradas a apenas 19%. A taxa potencial de adoção do feijão bóer melhorado se todos os agricultores tivessem sido expostos às variedades melhoradas é estimada em 62% e a lacuna de adoção resultante da exposição incompleta da população ao feijão bóer melhorado é de 43%. Verificamos ainda que o conhecimento das variedades melhoradas é influenciado principalmente pela participação nas actividades de Seleção Participativa de Variedades.

Thorat *et al.* (2012) concluíram que as principais sugestões feitas pela maioria dos inquiridos eram a disponibilização de informações sobre o mercado A universidade deve fornecer tecnologias novas e pormenorizadas a nível das aldeias, providenciar enxertos através de viveiros reconhecidos, organizar regularmente programas de formação para os produtores de manga e conceder crédito e subsídios para a compra de factores de produção.

Shivalingaiah e Reddy (2012) revelaram que as possíveis sugestões feitas pelos produtores foram a disponibilidade e o fornecimento de sementes melhoradas, biofertilizantes no momento certo e a um preço razoável, o desenvolvimento de ferramentas de poupança de mão de obra, o desenvolvimento de variedades de curta duração de alto rendimento, variedades tolerantes à seca e resistentes a doenças, fornecendo seguros de colheitas.

Mwangi *et al.* (2014) revelaram que indicam taxas de adoção real relativamente semelhantes de PPT (37%) e tecnologia de milho IR (36,3%). No entanto, as taxas de adoção potencial da tecnologia de milho TPP e RI foram de 56,3% e 46%, respetivamente, sendo que a diferença de adoção da TPP (20%) foi maior em comparação com a da tecnologia de milho RI (9%). Estes resultados mostram que, se forem feitos esforços adicionais para reduzir a diferença de adoção para o potencial, o PPT é uma estratégia de controlo da Striga mais atraente.

Shashikant *et al.* (2014) revelaram que, dos 60 agricultores seleccionados, cerca de 90% pertenciam à categoria de adoptantes de tecnologia de nível médio a elevado e que o índice de adoção de tecnologia era mais elevado nas grandes explorações, seguido das médias e pequenas explorações. As diferenças de rendimento total em percentagem do rendimento médio da estação de investigação foram de 38,67, 39,42 e 40,38% nas pequenas, médias e grandes explorações, respetivamente.

Maheriya (2015) constatou que existe sempre um desfasamento entre a tecnologia de produção recomendada e a sua utilização no terreno do agricultor.

Tendo em conta estes factos, foi feita uma tentativa para determinar o grau de adoção pelos agricultores da tecnologia de produção de arroz recomendada.

Torane *et al.* (2015) revelaram que as sementes foram utilizadas em quantidade excessiva em todos os grupos e o uso de fertilizantes foi maior no grupo de maior adoção. A diferença de insumos variou de 33% a 48%, sendo maior no grupo de baixa adoção. A diferença de rendimento total foi de 10,42 quintais (22,53%). No entanto, a diferença de rendimento I e a diferença de rendimento II foram baixas, como 2,75 e 7,67 quintais, respetivamente.

Umeh e Chukwu (2015) concluíram que a análise fatorial identificou restrições como: atributos humanos/tecnológicos, restrições técnicas, restrições financeiras e apoio institucional deficiente como principais restrições à adoção de tecnologias melhoradas de produção de arroz no Estado. Foram feitas recomendações necessárias, tais como a conceção de tecnologias ao nível das explorações agrícolas que reflictam os atributos socioeconómicos, a participação ativa dos jovens em intervenções de capacitação agrícola e a complementação das inovações agrícolas com um quadro institucional adequado para a mobilização de crédito.

Capítulo III

METODOLOGIA DE INVESTIGAÇÃO

O principal objetivo deste capítulo é tratar dos vários métodos e procedimentos utilizados na seleção da área, do local de estudo, dos planos de amostragem e do procedimento de recolha de dados. As diferentes variáveis em estudo, as suas medidas empíricas e os métodos estatísticos utilizados para a análise dos dados também foram discutidos da seguinte forma:

3.1 Local do estudo.

3.2 Desenho da amostragem e seleção dos inquiridos.

3.3 Seleção das variáveis e respectivas medições.

3.4 Procedimento de recolha de dados.

3.5 Métodos estatísticos utilizados.

3.1 Local do estudo:

3.1.1 Seleção do distrito:

De acordo com o problema de investigação, o estudo foi confinado ao distrito de Fatehpur porque tem uma área suficiente de cultivo de grama verde (época de verão). Por isso, foi selecionado propositadamente. Outra razão para a sua seleção é a familiaridade do investigador com a área, as pessoas, os funcionários, etc. O distrito de Fatehpur situa-se na zona da planície central de Uttar Pradesh. É considerada a zona mais adequada do ponto de vista climático para o cultivo de leguminosas no Estado.

Quadro 3.1: Informações sobre o distrito de Fatehpur.

S. No.	Particulars	Figures
1.	Gram Panchayat	840
2.	Nyay panchayat	132
3.	Bus stop	256
4.	Railway station	13
5.	Total population	2,632,733

6.	Total Rural population	2,310,740
7.	Rural population (SC)	604,239
8.	Rural population (ST)	304
9.	Total Urban population	321,993
10.	Urban population (SC)	47,241
11.	Urban population (ST)	36
12.	Male population	1,384,722
13.	Female population	1,248,011
14.	Primary health Centre	46
15.	Basic primary school	2954
16.	Junior high school	1578
17.	High school and intermediate college	298
18.	Degree college	38
19.	PG college	12
20.	Total geographical area in ha	422126
21.	Cultivated area in hectare	421249
22.	Irrigated area in hectare	310529
23.	Unirrigated area in hectare	49512
24.	Length of canal (km)	1450
25.	Total literacy percentage	67.4%
26.	Male literacy percentage	77.2%
27.	Female literacy percentage	56.6%
28.	Government tube well	615
29.	Personal tube wells and pump sets	43654
30.	Veterinary hospitals	36
31.	Artificial insemination centers	52

Fonte: Bloco C.D. de Fatehpur, registo estatístico, 2011, Fatehpur.

Fatehpur está situado a 25°56'N de latitude e 80°48'E de longitude, com uma altitude média de 110 metros. Este distrito está situado entre duas cidades importantes, Allahabad e Kanpur, do Uttar Pradesh. Está bem ligado a estas cidades por comboio e autocarro. A distância de Allahabad é de 117 km e de Kanpur de 76 km. Situa-se em 5 terras férteis também conhecidas como "DOABA" entre o Ganges e o Yamuna. A área geográfica do distrito de Fatehpur é de 4152,0 quilómetros quadrados. O distrito está dividido em 3 subdivisões, nomeadamente, Fatehpur, Bindki e Khaga. Estas subdivisões estão ainda divididas em 13 blocos de desenvolvimento: Airaya, Amauli, Asothar, Bahua, Bhitaura, Deomai, Dhata, Haswa, Hathgam, Khajuha, Malwan, Teliyani e Vijayipur.

3.1.2 Seleção do bloco:

Na segunda fase da amostragem, de entre os 13 blocos de desenvolvimento comunitário no distrito de Fatehpur, o bloco de Malwan foi selecionado propositadamente para o estudo.

O bloco de desenvolvimento comunitário de Malwan foi criado em 2-101972. Este bloco tem 9 nyay panchayats e 72 aldeias, que cobrem uma área geográfica total de 25551 quilómetros quadrados. A população total do bloco, de acordo com o censo de 2011, era de 213 159 habitantes (112 937 homens e 100 222 mulheres), dos quais 22719 homens e 5204 mulheres eram alfabetizados.

3.1.2.1 Localização:

O Malwan está localizado na parte ocidental do distrito de Fatehpur, que se situa a $25050'N$ de latitude e $80040'E$ de longitude e a uma altitude de 110 metros acima do nível médio do mar. A sede do bloco situa-se a uma distância de 15 quilómetros da cidade de Fatehpur.

3.1.2.2 Topografia:

A área do bloco está bem nivelada.

3.1.2.3 Solo:

O solo desta zona é maioritariamente de natureza franco-arenosa. Os solos encontrados em todo o bloco são principalmente de 4 tipos.

1.   Argila arenosa

2.   Argila

3.   Barro argiloso

4.   Argila

3.1.2.4 Condições climáticas:

Esta região situa-se na parte sub-húmida e subtropical da U.P., onde o verão é moderado a muito quente e seco e o inverno é suficientemente frio.

a. Temperatura:

O quadro seguinte revela a temperatura máxima e mínima dos diferentes meses registados no ano agrícola em curso, ou seja, 2014-15.

Tabela-3.2: A temperatura máxima e mínima (ᵒc) do bloco CD Malwan durante o ano agrícola 2014-15.

S. No.	Month	Temperature	
		Minimum	Maximum
1.	July	23.0	41.0
2.	August	25.0	37.0
3.	September	24.0	37.0
4.	October	17.0	35.0
5.	November	9.0	31.0
6.	December	5.0	29.0
7.	January	4.0	22.0
8.	February	9.0	32.0
9.	March	11.0	32.0
10.	April	16.0	41.0
11.	May	19.0	42.0
12.	June	26.0	44.0

Fonte: Krishi Vigyan Kendra, Thariaon, Distt.Fatehpur, 2014-15.

b. Precipitação:

O quadro seguinte mostra a precipitação durante o ano agrícola de 201415.

Tabela-3.**3: Precipitação mensal (mm) durante o ano agrícola de 2014-15.**

S. No.	Months	Rainfall (mm)
1.	July	100.70
2.	August	39.83
3.	September	58.39
4.	October	33.40
5.	November	0.00
6.	December	21.36
7.	January	16.76
8.	February	11.63
9.	March	44.56
10.	April	0.0
11.	May	0.0
12.	June	23.60

Fonte: Krishi Vigyan Kendra, Thariaon, Distt.Fatehpur, 2014-15.

3.1.2.5 Padrão de utilização das terras:

Tabela-3.**4: Padrão de utilização da terra:**

S. No.	Land Utilization Pattern	Area (ha)
1.	Total geographical area (ha)	36763.00
2.	Cultivated area (ha)	24199.00
(a)	Irrigated area (ha)	21354.00
(b)	Un-irrigated area (ha)	2841.00
3.	Uncultivated area (ha)	2973.00
(a)	Area under forest (ha)	1136.00
(b)	Area under permanent posture (ha)	122.00
(c)	Area under usar land	840.00
(d)	Area under ponds, canal, water logged (ha)	491.00

Fonte: Bloco CD, Malwan, Fatehpur (2015)

Quadro 3.5: Distribuição dos agricultores de acordo com a dimensão da exploração no bloco de Malwan.

S. No.	Area (ha)	No. of farmers	Area under possession (ha)
1.	Below 1 ha (marginal)	15525	9679.60
2.	1-2 ha (small)	13584	8469.65
3.	2-3 ha (medium)	7762	4839.80
4.	3 ha and above (large)	1941	1209.95

Fonte: Bloco CD, Malwan, Fatehpur (2015)

3.1.2.6 Sistema de irrigação:

As fontes de irrigação disponíveis no bloco são canais, poços, poços tubulares, conjuntos de bombagem a diesel, poços tubulares eléctricos do governo, etc. De todas estas fontes, é irrigada uma área de mais de 24199,00 ha. Os pormenores são os seguintes.

Quadro 3.6: Fontes de irrigação do bloco de Malwan, Fatehpur.

S. No.	Source of irrigation	Number	Area covered (ha)
1.	Wells	4	Not in use
3.	Tank (Ponds)	Nil	Nil
4.	Canal	1	4665.00
5.	Govt. electric tube well	32	321.00
6.	Personal tube wells and pump sets	1026	16368.00

Fonte: Bloco CD, Malwan, Fatehpur (2015)

3.1.2.7 Padrão de cultivo:

O padrão de cultivo do bloco segue as estações kharif, rabi e zaid. As culturas cultivadas em grande escala no bloco são o arroz, a lentilha, a grama, o trigo, o milho, o moong, o arhar, o grão-de-bico, a mostarda, a cana-de-açúcar, a ervilha e os legumes.

Quadro 3.7: As principais rotações de culturas que são habitualmente seguidas pelos agricultores no bloco de Malwan.

S. No.	One year crop rotations
1.	Paddy-wheat-moong
2.	Paddy-wheat-live Stock
3.	Paddy-wheat-bajra & arhar
4.	Chili-wheat
5.	Paddy-wheat
6.	Maize-potato
S. No.	**Crop rotations for more than one year**
1.	Paddy-lentil-sugarcane
2.	Maize-sugarcane-ratoon
3.	Maize-pea-sugarcane
4.	Paddy-pea-paddy-lentil

Tabela-3.**8: Lista dos estabelecimentos de ensino do bairro de Malwan.**

S. No.	Institute	Number
1.	Primary school	75
2.	Junior high school	25
3.	High school	20
4.	Intermediate	13
5.	Degree college	03

Fonte: Bloco CD, Malwan, Fatehpur.

Tabela-3.**9: Agências existentes que estão a funcionar no bairro.**

S. No.	Agencies	Number
1.	Nationalized bank	07
2.	Keshtriya Gramin Bank	04
3.	Co-operative bank	02
4.	Co-operative society	03
5.	Seed and fertilizer store	09

6.	Veterinary hospitals	02
7.	Artificial insemination centers	03
8.	Primary health centers	05
9.	Family and maternity welfare sub-center	14

Fonte: Bloco CD, Malwan, Fatehpur.

3.1.3   Seleção das aldeias:

Nesta fase da amostragem, foi preparada a lista de todas as aldeias do bloco selecionado. O total de aldeias era de 100, das quais foram seleccionadas aleatoriamente 5 aldeias. O número total de aldeias seleccionadas foi de 5, por exemplo: (1) Abhaypur (2) Ashapur (3) Aung (4) Alipur e (5) Bhaupur.

Tabela-3.**10: Informações gerais sobre as aldeias seleccionadas em estudo.**

S. No.	General information	Selected villages for the study				
1.	Name of the gram panchayat	Abhaypur	Ashapur	Aung	Alipur	Bhaupur
2.	Name of the P.O.	Abhaypur	Abhaypur	Aung	Mauhar	Shivrajpur
3.	Name of Block	Malwan	Malwan	Malwan	Malwan	Malwan
4.	Police station	Aung	Aung	Aung	Kalyanpur	Kalyanpur
5.	Tahsil	Bindki	Bindki	Bindki	Bindki	Bindki

Tabela-3.**11: Localização e situação das aldeias seleccionadas.**

Place	Distance in km from selected villages				
	Abhaypur	Ashapur	Aung	Alipur	Bhaupur
Distt. H.Q.	40	41	35	32	33
Block H.Q.	25	26	20	17	18
Road point of bus stop	1.0	1.0	0.0	2.0	3.0
Weekly market	5.0	6.0	0.0	2.0	2.5
Co-operative society	10	11	5.0	2.0	3.0

Gram panchayat	0	0	0	0	0
Primary school	0	0	0	0	0
High school	0.5	0.0	0.0	2.0	3.0
Inter college	5.0	6.0	0.0	2.0	0.0
Degree college	10	11	5.0	4.0	5.0
Railway station	6.0	7.0	1.0	2.0	3.0
Hospital	5.0	6.0	0.0	7.0	10
Post office	0.0	0.5	0	3.0	5.0
Kisan Seva Kendra	5.0	6.0	0.0	7.0	10

Fonte: Bloco C.D. Malwan, Fatehpur.

Quadro 3.12: população das aldeias seleccionadas.

S.No.	Selected villages	Total population	Male	%age	Female	%age	Total
1.	Abhaypur	5426	2910	53.63	2516	46.36	100.00
2.	Ashapur	1090	596	54.67	494	45.32	100.00
3.	Aung	3770	1975	52.38	1795	47.61	100.00
4.	Alipur	1551	819	52.80	732	47.19	100.00
5.	Bhaupur	3101	1645	53.04	1456	46.95	100.00

3.2 Conceção da amostragem e processo de seleção dos inquiridos

Na última fase da amostragem, a lista de inquiridos foi preparada separadamente para cada aldeia de amostragem e, assim, foi selecionado um número total de 100 produtores de grama verde de 5 aldeias de amostragem através da técnica de amostragem aleatória com base na dimensão da exploração.

Tabela-3.**13: Desenho da amostragem para seleção do local e do inquirido.**

S. No.	Unit	Particular	Design
1.	District	Fatehpur ↓	Purposive
2.	Block (13) Sample block (01)	Airaya, Amauli, Asothar, Bahua, Bhitaura, Deomai, Dhata, Haswa, Hathgam, Khajuha, **Malwan**, Teliyani and Vijayipur Malwan ↓	Purposive
3.	Village	Village 72 ↓	
4.	Sample village	Abhaypur — 5 — Ashapur / Aung / Alipur / Bhaupur	Purposive random sampling
4.	Respondents (no.)	5 village) 94 (23) 88 (21) 74 (18) 80 (19) 76 (19) 100 (Growers)	Random sampling

3.3 Seleção das variáveis e respectivas medidas empíricas:

As variáveis foram seleccionadas de acordo com os objectivos do estudo. As variáveis seleccionadas foram categorizadas em variáveis independentes e dependentes. As variáveis, juntamente com os instrumentos estatísticos utilizados para as medir, são apresentadas abaixo sob a forma de tabela:

Tabela-3.**14: Variáveis e respectivas medidas empíricas.**

S. No.	Variables	Empirical measurements
A.	**Independent**	
1.	Age	Chronological age class developed
2.	Sex	Self-scoring
3.	Education	Scale developed by Trivedi and Pareek (1964)
4.	Caste	do
5.	Family type	do
6.	Family size	do
7.	Land holding	do
8.	Social participation	do
9.	Occupation	do
10.	Annual income	do
11.	Housing pattern	do
12.	Material possession	do
13.	Extension contact	Index developed and used
14.	Economic motivation	Scale used as developed by Supe (1969)with suitable modifications
15.	Scientific orientation	-do-
16.	Risk orientation	-do-
B.	**Dependent**	
1.	Knowledge extent	Index developed and used
2.	Adoption extent	do
C.	**Constraints**	Index developed and used
D.	**Suggestions**	do

3.3.1 Idade:

Com base na idade real em anos completos dos inquiridos, as categorias etárias foram definidas de acordo com a média e o desvio-padrão devidamente calculados para o efeito. Assim, as categorias jovens (até 37 anos), médias (38 a 52 anos) e idosas (53 anos e mais) foram enquadradas para efeitos de análise e interpretação da composição etária.

3.3.2 Formação académica:

A educação dos inquiridos foi avaliada com base na educação formal obtida e no número de anos que os inquiridos passaram nessa educação. Os inquiridos foram agrupados em sete categorias: analfabetos, sabem ler e escrever, primário, médio, secundário, intermédio, licenciado e pós-graduado. As pontuações foram atribuídas a vários níveis de ensino como analfabeto (1), sabe ler e escrever (2), primário (3), médio (4), secundário (5), intermédio (6), licenciado (7) e pós-graduado (8).

3.3.3 Casta:

A casta dos inquiridos foi classificada em três subcategorias, nomeadamente, casta geral, casta normal e outra casta atrasada, cujos pormenores são os seguintes.

a.   Casta geral:

Esta categoria diz respeito aos kshatriya, vaishya e kaystha, etc.

b.   Outra casta atrasada (OBC):

Inclui yadav, kurmi, maurya, kahar, lohat e barber, etc.

c.   Casta registada (SC):

Esta categoria diz respeito a kori, chamar, pasi, lavadeira, etc., para o estudo efectuado.

As pontuações atribuídas às referidas categorias foram SC (1), OBC (2) e geral (3).

3.3.4 Tipo de família:

i. Individual/Nuclear **ii.** Conjunta

As pontuações foram atribuídas 1 para solteiros e 2 para famílias conjuntas, respetivamente.

3.3.5 Tamanho da família:

De acordo com a dimensão da família, as categorias foram enquadradas da seguinte forma

(i) Média - DP, (ii) Média ± DP e (iii) Média + DP.

3.3.6 Dimensão da exploração agrícola:

A propriedade fundiária efectiva, expressa em hectares, foi registada de acordo com as declarações dos inquiridos, tendo sido estabelecida uma categoria em conformidade.

3.3.7 Profissão:

A ocupação das famílias dos inquiridos foi calculada com base nas empresas que contribuem com mais de 50 por cento do rendimento total como ocupação principal e abaixo disso como ocupação subsidiária. A ocupação das famílias dos inquiridos foi dividida nas seguintes categorias e as pontuações foram atribuídas entre parênteses: trabalho agrícola (6), ocupação baseada na casta (5), serviços (4), agricultura (3), negócios (2), empresas de base agrícola (2), lacticínios (2), jardinagem (1) e ocupação subsidiária, tendo sido utilizado o mesmo padrão.

3.3.8 Padrão de habitação:

Para descobrir o padrão de habitação dos inquiridos, as casas foram categorizadas e pontuadas da seguinte forma: casa kachcha (3), casa pucca (2) e casa mista (1).

3.3.9 Rendimento anual:

O rendimento anual do inquirido é a combinação do rendimento da ocupação principal e do rendimento subsidiário e o rendimento total do inquirido foi comunicado pelo inquirido. As categorias de rendimento anual foram estabelecidas de acordo com a média e o desvio-padrão devidamente calculados para o efeito. Estas categorias foram: jovem (média-DS), médio (média ± DP) e idoso (média + DP).

3.3.10 Participação social:

No que diz respeito à participação social dos inquiridos, foram definidas várias categorias: membro de uma organização, membro de duas organizações e membro de mais de duas organizações ou titular de um cargo.

A participação social dos inquiridos foi calculada através da atribuição de uma (1) pontuação por ser membro de uma organização. Para a categoria sem participação, foi atribuída a pontuação zero.

3.3.11 Posse de materiais:

A. Energia agrícola:

Os materiais eléctricos agrícolas incluídos no estudo, com as respectivas pontuações entre parêntesis, foram o motocultivador (1), o motor a diesel (1), o motor elétrico (1), o trator (2) e o boi (3), respetivamente.

B. Implementos agrícolas:

As pontuações atribuídas pelos inquiridos a vários materiais agrícolas foram, respetivamente, arado deshi, pata, kudal, plantador de batatas, pá, pulverizador, cortador de palha, khurpi, foice e espanador (1), arado de discos (2) e cultivador, debulhador, semeador e rotavator (3).

C. Materiais de transporte:

As pontuações foram atribuídas a várias fontes de transporte, como carro de bois, bicicleta (1), bicicleta (2), jipe, carro, trator e trator-trolley (3), respetivamente.

D. Posse de materiais domésticos:

As pontuações foram atribuídas a vários materiais domésticos, nomeadamente, botija de gás, panela de pressão, prensa eléctrica, relógio de parede, relógio de pulso, cadeira, loiça, ventoinha, máquina de costura, berço, lanterna solar (1), cama de casal, toucador, sofá (2) e mesa de jantar (3), respetivamente.

E. Posse de meios de comunicação:

As pontuações foram atribuídas a várias fontes de comunicação, tais como D. T. H., antena parabólica, cabo parabólico e Internet (1), revista geral, jornal (2), rádio, telefone e telemóvel (3), televisão, leitor de V.C.D., computador de secretária e computador portátil (4). Os números entre parênteses indicam as pontuações atribuídas às fontes de comunicação, respetivamente.

3.3.12 Grau de contacto com as fontes de informação:

Para estudar o padrão de utilização das fontes de informação (ISUP), foram incluídos os padrões de disponibilidade e de contacto. No que diz respeito ao contacto dos inquiridos com cada fonte de informação, cada fonte foi medida numa escala contínua de 8 pontos (sem contacto, semestral, trimestral, mensal, quinzenal, semanal e diária) e foram-lhes atribuídas pontuações de 0, 1, 2, 3, 4, 5 e 6, respetivamente. Para efeitos de interpretação, foi-lhes atribuída uma ordem de classificação.

3.3.13 Motivação económica:

A escala desenvolvida por Supe (1969) foi utilizada para medir a motivação económica com algumas alterações. Havia seis afirmações na motivação económica, com cinco pontos contínuos: concordo totalmente, concordo, indeciso, discordo e discordo totalmente. As pontuações atribuídas aos pontos foram, respetivamente, 5, 4, 3, 2 e 1. Com base nas pontuações, os inquiridos foram agrupados em três categorias com base na (i) média-S.D. (baixa), (ii) média ± S.D. (média) e (iii) média + S.D. (alta), respetivamente.

3.3.14 Orientação científica:

A escala desenvolvida por Supe (1969) foi utilizada para medir a orientação científica com algumas modificações. Havia seis afirmações na orientação científica, com um continuum de cinco pontos, *nomeadamente*, concordo totalmente, concordo, indeciso, discordo e discordo totalmente. As pontuações atribuídas aos pontos foram, respetivamente, 5, 4, 3, 2 e 1. Com base nas pontuações, os inquiridos foram agrupados em três categorias com base na (i) média-DS (baixa), (ii) média ±-DS (média) e (iii) média +-DS (alta), respetivamente.

3.3.15 Orientação para o risco:

A escala desenvolvida por Supe (1969) foi utilizada para medir a orientação para o risco, consistindo em seis afirmações com modificações, cinco das quais eram positivas e uma era negativa. A escala foi administrada numa escala de cinco pontos: concordo totalmente, concordo, indeciso, discordo e discordo totalmente. As pontuações foram atribuídas como 5, 4, 3, 2 e 1, respetivamente, para todas as afirmações positivas e 1, 2, 3, 4 e 5, respetivamente, para as afirmações negativas. Os inquiridos foram classificados em três categorias: baixo, médio e elevado, com base na média-SD (baixo), média ± SD (médio) e média + SD (elevado), respetivamente.

3.3.16 Conhecimentos sobre práticas tecnológicas dos produtores de grama verde:

A modificação do teste de conhecimentos existente foi efectuada em relação aos itens relativos às cultivares de grama verde. Todas as perguntas do teste de conhecimentos foram dicotomizadas em 'sim/não' ou 'correto/incorreto', se a resposta fosse 'sim' ou 'correto', era atribuída uma pontuação de um (1) e se a resposta fosse não ou incorrecta, era atribuída uma pontuação de zero (o).

A gama de pontuações obtidas pelos inquiridos pode variar entre baixa, média e alta no teste de conhecimentos, o que indica o nível de conhecimentos dos inquiridos. Foi categorizado em três categorias: (I) Média-DS (II) Média ± D.S. (III) Média ± D.S., respetivamente.

3.3.17 Nível de adoção de práticas tecnológicas da grama verde:

A modificação do teste de utilização existente foi feita em relação às instalações relativas aos produtores de grama verde. Todas as perguntas do esquema de utilização foram dicotomizadas em 'sim/não' ou 'correto/incorreto' e, com base em todas as perguntas sobre o que as pessoas adoptam, se a resposta fosse 'sim' ou 'correto', era atribuída uma pontuação de um (1) e se a resposta fosse não ou incorrecta, era atribuída uma pontuação de zero (o).

O estudo foi efectuado utilizando cerca de cultivares de grama verde para ver o seu impacto na utilização dos beneficiários.

A gama de pontuações obtidas pelos inquiridos pode variar entre baixa, média e alta no teste de utilização, o que indica o nível de utilização dos inquiridos. Foi categorizado em três categorias: (I) Média-DS (II) Média ± D.S. (III) Média ± D.S., respetivamente.

3.3.18 Restrições:

A resposta dos inquiridos foi assegurada com referência aos constrangimentos e a percentagem foi calculada para apurar os factos. A classificação dos constrangimentos foi efectuada com base na percentagem, por ordem decrescente, com base no valor mais elevado da pontuação média, comparativamente.

3.3.19 Medidas de correção:

As medidas sugestivas foram registadas de acordo com a perceção dos inquiridos no momento do inquérito e a distribuição de frequências foi feita em conformidade.

3.4 Procedimento de recolha de dados:

Foi concebido um calendário estruturado para a recolha de dados, que foi testado através de entrevistas a alguns inquiridos para efeitos de pré-teste. Em seguida, foram efectuadas as alterações adequadas de acordo com as necessidades do estudo. Posteriormente, os dados foram recolhidos junto dos beneficiários dos produtores de grama verde, através do método de entrevista pessoal.

3.5 Métodos estatísticos utilizados:

A percentagem e a média foram utilizadas para fazer uma interpretação simples.

3.5.1 Percentagem:

A frequência de uma determinada célula foi dividida pelo número total de inquiridos ou (MPS) nessa categoria específica e multiplicada por 100 para calcular a percentagem.

3.5.2 Média ($\overline{X}$):

A média ($\overline{X}$) foi calculada somando as pontuações totais obtidas pelos inquiridos e dividindo-a pelo número total de inquiridos, utilizando a seguinte fórmula

$$(\overline{X}) = \frac{\sum x}{N}$$

Onde,

($\overline{X}$) = Média ou mediana

Σ x = Número total de pontuações obtidas pelos inquiridos

N = Número total de inquiridos

3.5.3 Desvio padrão:

S.D. é a raiz quadrada da média dos quadrados de todos os desvios, sendo as direcções medidas a partir da média aritmética da distribuição. É normalmente desenvolvido pelo símbolo sigma (o).

$$S.D.\,(\sigma) = \sum \frac{d^2}{n}$$

Onde,

σ=Desvio padrão

d=Desvio   da média das variáveis

n =   Número total de itens

3.5.4 Coeficiente de correlação (r):

O coeficiente de correlação simples (r) é uma medida da relação mútua entre duas variáveis, *ou seja,* x e y, em que a relação é medida e normalmente designada por coeficiente de correlação do movimento do produto e é calculada pela seguinte fórmula

$$r = \frac{\sum (xi-\overline{X})\,(yi-\overline{Y})}{\sum (xi-\overline{X})\,(yi-\overline{Y})}$$

Onde,

r = coeficiente de correlação

xi = i[th] valor das variáveis x

$\overline{X}$ = média de x

Yi = i[th] valor das variáveis y

$\overline{Y}$ = média de y

Capítulo IV

QUADRO CONCEPTUAL

Este capítulo trata do quadro concetual das variáveis relacionadas com o estudo em causa. É apresentado a seguir:

(1) Idade: refere-se à idade cronológica do inquirido em número de anos completados por ele no momento da entrevista.

(2) Rendimento anual: Refere-se ao rendimento total em rupias auferido pela inquirido de todas as fontes num determinado ano.

(3) Bibliografia: Lista de livros ou outros materiais escritos colocados para referência após um texto académico ou como uma publicação separada.

(4) Bloco (Kshetra Samiti): Um bloco é uma unidade de planeamento e desenvolvimento. Trata-se de um meio administrativo que permite abordar os problemas das populações rurais de uma forma concertada e coordenada.

(5) Casta: A casta é um tipo permanente de estratificação social da sociedade em categorias superiores e inferiores.

(6) Categoria: Uma classe, grupo ou tipo baseado nalgumas características.

(7) Posse de meios de comunicação: Estes são os meios pelos quais a informação ou o conhecimento são transmitidos de um grupo ou indivíduo para outro.

(8) Restrições: Problemas ou obstáculos enfrentados pelos inquiridos na adoção de cultivo de grama verde (época de verão).

(9) Correlação: Uma medida estatística que mostra o grau em que dois as variáveis estão relacionadas, não necessariamente numa relação causal; a magnitude de uma correlação pode variar de -1,00 a + 1,00.

(10) Dados: Os dados são definidos como factos, números ou informação conhecida ou disponível.

(11) Difusão: É a forma de difundir informação, conhecimentos, etc., de modo a que cheguem a muitas pessoas e locais

(12) Motivação económica: Significa que o indivíduo está orientado para a obtenção do máximo ganho económico, como a maximização dos lucros da exploração.

(13) Educação: Refere-se ao nível de educação formal obtido pelos inquiridos.

(14) Dimensão da família: Refere-se ao número de pessoas que vivem numa família.

(15) Tipos de família: Existem dois tipos de família: a família monoparental/nuclear e a família conjunta. Num sistema de família única, são considerados o pai, a mãe e os filhos, enquanto num sistema de família conjunta, os membros de duas e três gerações, juntamente com os familiares e os empregados, vivem sob o mesmo teto com um sistema de inundação comum.

(16) Família: Todos os membros da família que vivem juntos sob o mesmo teto e sob a orientação de um só homem. Comem juntos e partilham as suas responsabilidades no interesse dos seus familiares.

(17) Padrão de habitação: Refere-se à habitação; os aldeões constroem e vivem nela com os seus familiares. Existem vários tipos de habitação: kuchcha, pucca e mista.

(18) Analfabeto: O termo analfabeto é utilizado para designar uma pessoa que não sabe ler nem escrever e que não tem/não teve escolaridade formal ou equivalente.

(19) Informação: A informação é uma diferença na energia da matéria que afecta a incerteza numa situação em que existe uma escolha entre um conjunto de alternativas. Assim, a informação é algo que reduz a incerteza.

(20) Entrevista: As entrevistas são realizadas com indivíduos seleccionados. Entrevistar várias pessoas diferentes sobre o mesmo tema revelará rapidamente uma grande variedade de opiniões, atitudes e estratégias.

(21) Posse de material: Definido operacionalmente como os materiais gerais possuídos pelos inquiridos, incluindo material de recreio, alfaias agrícolas, máquinas, materiais domésticos, comunicações e transportes.

(22) Média (X): Uma medida de tendência central, a soma de todas as observações/itens dividida pelos seus números, mais popularmente conhecida como média aritmética. É indicada pelo sinal (X).

(23) Motivação: O processo de iniciar uma ação consciente e intencional.

(24) Objectivos: Os objectivos são expressões dos fins para os quais os nossos esforços são dirigidos.

(25) Atividade profissional: A atividade principal é aquela que gera um rendimento superior a 50%, enquanto a atividade secundária é inferior a esse valor.

(26) Opinião: É o ponto de vista, a atitude ou a avaliação de um pensamento sobre algo. As opiniões aqui apresentadas foram expressas por cientistas e agricultores.

(27) Probabilidade: Uma estimativa da hipótese ou possibilidade de ocorrência de uma determinada coisa ou acontecimento.

(28) Amostra intencional: Um tipo de amostra não probabilística em que os elementos a incluir na amostra são seleccionados pelo investigador com base em características especiais ou na tipicidade dos inquiridos.

(29) Amostragem aleatória: O processo em que todas as unidades da população têm a mesma probabilidade de serem seleccionadas para investigação.

(30) Ordem de classificação: Listagem dos alunos por ordem ou mérito.

(31) Procedimento de classificação: Refere-se a um método utilizado para ordenar classes de alunos ou listas ou notas.

(32) Intervalo: Uma medida de dispersão; uma pontuação de diferença obtida subtraindo a pontuação mais pequena da pontuação maior na distribuição.

(33) Referência: Nota numa publicação que remete o leitor para outra fonte de passagem, pessoa que fornece uma recomendação para alguém que procura emprego ou uma apresentação.

(34) Inquiridos: A pessoa que responde às perguntas feitas pelo investigador num inquérito com a ajuda do programa de entrevistas. No presente estudo, a lacuna tecnológica na adoção do cultivo da grama verde (estação do verão) é considerada como inquirida.

(35) Orientação para o risco: Refere-se ao grau em que os inquiridos estão orientados para a incerteza do risco e têm coragem para enfrentar os problemas.

(36) Amostra: Algumas unidades seleccionadas do universo da população que representam o universo são conhecidas como amostra.

(37) Horário: O termo "horário" é normalmente aplicado a um conjunto de perguntas que são colocadas e preenchidas pelo investigador numa situação frente a frente com outra pessoa.

(38) Orientação científica: A orientação científica significa alargar a perspetiva das pessoas para que possam pensar de forma lógica e racional e utilizar corretamente os conhecimentos científicos na agricultura, substituindo as práticas ultrapassadas e irrelevantes por técnicas avançadas.

(39) Significância: A significância tem duas dimensões básicas, nomeadamente a significância estatística e a significância psicológica. A significância estatística indica se os resultados obtidos são comuns ou raros, se apenas o acaso está a funcionar. O significado psicológico indica a qualidade dos dados, a adequação dos dados obtidos e a clareza dos resultados obtidos.

(40) Dimensão da propriedade fundiária: Refere-se à posse de terras em hectares/acres pelos inquiridos.

(41) Participação social: Grau de envolvimento de um indivíduo numa organização social como membro ou como titular de um cargo.

(42) Perfil socioeconómico: É o perfil dos componentes socioeconómicos que se referem ao estatuto do indivíduo, grupo, sociedade ou organização em diferentes graus. No presente estudo, refere-se ao estatuto socioeconómico dos inquiridos que possuem.

(43) Fonte de informação: Refere-se aos objectos através dos quais os inquiridos obtiveram informações sobre pacotes ou práticas e actividades do departamento de agricultura.

(44) Desvio padrão: Uma medida de dispersão que é a raiz quadrada da soma dos desvios quadrados de cada pontuação em relação à média dividida pelo número de pontuações.

(45) Variáveis: Uma variável é a descrição das características de um grupo de indivíduos que, quando medidas, podem apresentar mais do que um valor numérico. As variáveis são de dois tipos

(i) **Variáveis dependentes:** As variáveis cujo valor é influenciado ou deve ser previsto são chamadas variáveis dependentes.

(ii) **Variáveis independentes:** As variáveis manipuladas pelos experimentadores com o objetivo de determinar se influenciam o comportamento.

Capítulo V

RESULTADOS E DISCUSSÃO

Neste capítulo, são apresentadas as conclusões obtidas relativamente aos objectivos específicos do estudo através da análise da utilização de técnicas estatísticas relevantes.

As conclusões foram divididas nos seguintes subtítulos:

5.1: Perfil socioeconómico dos inquiridos.

5.2: Grau de conhecimento.

5.3: Grau de adoção.

5.4: Extensão do fosso tecnológico.

5.5: Análise estatística.

5.6: Restrições.

5.7: Medidas de correção.

5.1: Perfil socioeconómico dos inquiridos:

Composição etária:

Tabela-5.1.1: Distribuição dos inquiridos em função da idade.

N=100

S. No.	Categories (years)	Respondents	
		Number	**Percentage**
1.	Young (Up to 37)	17	17.00
2.	Middle (38-52)	67	67.00
3.	Old (53 and above)	16	16.00
	Total	**100**	**100.00**

Média=44,59, S.D. =7,36, Mín. =32, Máx. = 58

É óbvio a partir da Tabela-5.1.1 que a maioria dos inquiridos 67% foram observados na categoria de 38-52 anos de idade, seguido por 17% e 16% para até 37 e 53 e acima de anos de idade, respetivamente. Assim, a maioria dos produtores de grama verde enquadra-se na categoria de 38-52 anos de idade.

Formação académica:

Tabela-5.1.2: Distribuição dos inquiridos com base na educação.

N=100

S. No.	Categories	Respondents	
		Number	Percentage
A	Illiterate	4	04.00
B	Literate	96	96.00
	Total	**100**	**100.00**
I.	Can read and write only	10	10.41
II.	Primary	13	13.54
III.	Middle	8	08.33
IV.	High school	25	26.04
V.	Intermediate	25	26.04
VI.	Graduate	11	11.45
VII.	Post graduate	4	04.16
	Total	**96**	**100**

A Tabela 5.1.2 revela que a percentagem de alfabetização dos inquiridos foi de 96%, enquanto 04% dos inquiridos eram analfabetos. Além disso, o nível de escolaridade dos inquiridos alfabetizados, por ordem decrescente, foi de 26,04%, 26,04%, 13,54%, 11,45%, 10,41%, 08,33% e 04,16% para os níveis de ensino secundário, intermédio, primário, graduado, só sabe ler e escrever, médio e pós-graduado, respetivamente.

Por conseguinte, pode concluir-se que a maioria dos inquiridos (96%) era alfabetizada.

Categoria de casta:

Tabela-5.1.3: Distribuição dos inquiridos com base na casta.

N=100

S. No.	Categories	Respondents	
		Number	Percentage
1.	General caste	38	38
2.	Other Backward caste	35	35
3.	Scheduled caste	27	27
	Total	**100**	**100.00**

O Quadro 5.1.3 indica que o número máximo de pessoas da casta geral é de 38%, seguido de outras castas atrasadas, 35%, e da casta classificada, 27%, respetivamente.

Assim, conclui-se que a maioria dos produtores de grama verde pertence à casta geral na área de estudo.

Tipo de família:

Tabela-5.1.4: Distribuição dos inquiridos em função da família.

N=100

S. No.	Family type	Respondents	
		Number	Percentage
1.	Nuclear/Single family	44	44
2.	Joint family	56	56
	Total	**100**	**100.00**

A Tabela 5.1.4 mostra que as famílias conjuntas são em maior número do que as famílias simples. Em termos de percentagem, 56% dos inquiridos pertencem a famílias de tipo conjunto, enquanto 44% pertencem a famílias de tipo único.

Tamanho da família:

Tabela-5.1.5: Distribuição dos inquiridos em função da família.

N=100

S.No.	Categories (members)	Respondents	
		Number	Percentage
1.	Small (up to 6)	31	31
2.	Medium (7-10)	49	49
3.	Large (11 and above)	20	20
4.	Total	100	100.00

Média=8,01, S.D. =2,27, Mínimo=5, Máximo=13

A Tabela 5.1.5 mostra que 49% dos inquiridos pertencem à categoria dos que têm 7-10 membros nas suas famílias, seguidos de 31% e 20% na categoria de até 6 membros e acima de 11 membros, respetivamente. O máximo de inquiridos, 41%, pertence a uma família com 7-10 membros, o que significa que a área de estudo estava repleta de população.

Dimensão da exploração agrícola:

Quadro 5.1.6: Distribuição dos agricultores com base na posse de terras (hectares).

N=100

S. No.	Categories (hectares)	Respondents	
		Number	Percentage
1.	Marginal farmers (below 1)	16	16
2.	Small farmers(1-2)	41	41
3.	Medium farmers (2-4)	43	43
	Total	100	100.0

Média=2,35, S.D. =1,12, Mínimo=0,80, Máximo=3,95

A Tabela 5.1.6 indica que o máximo de inquiridos, em média 43%, se encontrava na categoria de proprietários de terras (2-4 ha), seguido de 41% de inquiridos em pequenos agricultores (1-2 ha) e 16% de inquiridos em agricultores marginais (menos de 1ha), respetivamente. Não foi encontrado nenhum inquirido nas categorias de sem-terra. A posse média de terra dos inquiridos foi de 2,35 ha. Por conseguinte, pode concluir-se que a maior parte das explorações agrícolas se tornou média na zona de estudo.

Profissão:

Tabela-5.1.7: Distribuição dos inquiridos com base na profissão.

N=100

S.No.	Occupation	Main		Subsidiary	
		No.	%	No.	%
1.	Agriculture	75	75.00	20	20.00
2.	Services	22	22.00	12	12.00
3.	Business	1	01.00	11	11.00
4.	Agro based enterprise	1	01.00	10	10.00
5.	Dairying	1	01.00	10	10.00
6.	Caste based occupation	0	00.00	6	06.00
7.	Agriculture labour	0	00.00	10	10.00
8.	Gardening	0	00.00	4	04.00
	Total	**100**	**100**	**83**	**83**

A Tabela 5.1.7 mostra claramente que, no caso da ocupação principal, a agricultura surgiu como a ocupação principal (75%), seguida dos serviços (22%), negócios, empresas agrícolas e lacticínios cada (01%), enquanto que, no caso da ocupação subsidiária, o máximo (20%) dos inquiridos adoptou a ocupação agrícola, seguida dos serviços (12%), negócios (11%), empresas agrícolas, lacticínios e trabalho agrícola cada (10%), ocupação baseada na casta (06%) e jardinagem (04%), respetivamente. Houve 17% dos inquiridos que não responderam a uma ocupação subsidiária.

Rendimento anual:

Tabela-5.1.8: Distribuição dos inquiridos com base no rendimento anual (Rs.)

N=100

S. No.	Annual income	Respondents	
		Number	Percentage
1.	Small(up to 83000)	15	15.00
2.	Medium(83001-220000)	70	70.00
3.	High(220001 and above)	15	15.00
	Total	100	100.00

Média =151560.00, S.D. =68497.04, Mínimo =45000.00, Máximo =370000.00.

A Tabela 5.1.8 revela que um número máximo de inquiridos, 70%, pertence ao rendimento anual de Rs. 83001 a 220000, enquanto 15% e 15% dos inquiridos pertencem a uma gama de rendimentos de Rs. 220001 e superior e até 83000, respetivamente.

Pode dizer-se que a maioria dos inquiridos tinha um rendimento anual entre 83001 e 220000 rupias.

Padrão de habitação:

Tabela-5.1.9: Distribuição dos inquiridos com base no padrão de habitação.

N=100

S. No.	Housing pattern	Respondents	
		Number	Percentage
1.	Kachcha	3	3.00
2.	Pucca	33	33.00
3.	Mixed	64	64.00
	Total	100	100.00

A Tabela 5.1.9 indica que 64% dos inquiridos declararam ter casas de tipo misto, seguidas de 33% de casas Pucca e 03% de kachcha. Isto significa que esta área tinha um padrão de habitação de tipo misto.

Participação social:

Tabela-5.1.10: Distribuição dos inquiridos com base na participação social.

N=100

S. No.	Participation	Respondents	
		Number	Percentage
1.	No participation	43	43.00
2.	Participation in one organization	57	57.00
	Total	**100**	**100.00**

A Tabela-5.1.10 indica que a esmagadora maioria, *ou seja,* (57%) dos inquiridos participaram numa organização, enquanto que (43%) dos inquiridos não participaram em nenhuma organização. Isto significa que os inquiridos tinham mais interesse em participar na organização social.

Posse de materiais:

Tabela-5.1.11: Distribuição dos inquiridos com base na potência agrícola.

N=100

S. No.	Farm power	Respondents	
		Number	Percentage
1.	Diesel engine	86	86.00
2.	Electric motor	65	65.00
3.	Bullock	19	19.00
4.	Tractor	12	12.00
5.	Power tiller	04	04.00

Nota: Os inquiridos indicaram mais do que um item, pelo que a percentagem total de todos os itens seria superior a 100.

O Quadro 5.1.11 indica que 86% dos inquiridos têm o seu motor a diesel, seguidos de 65%, 19%, 12% e 04%, respetivamente, motor elétrico, parelha de bois, trator e motocultivador.

Materiais para alfaias agrícolas:

Tabela-5.1.12: Distribuição dos inquiridos com base nas alfaias agrícolas.

N=100

S.No.	Farm implements	Respondents	
		Number	Percentage
1.	Khurpi	100	100.00
2.	Sickle	100	100.00
3.	Chaff cutter	100	100.00
4.	Shovel	96	96.00
5.	Kudal	80	80.00
6.	Sprayer	60	60.00
7.	Pata	32	32.00
8.	Deshi plough	19	19.00
9.	Cultivator	12	12.00
10.	Thresher	12	12.00
11.	Duster/ Power duster	12	12.00
12.	Rotavator	8	08.00
13.	Disc Plough	7	07.00
14.	Seed drill	6	06.00
15.	Potato planter	2	02.00

Nota: Os inquiridos indicaram mais do que um item, pelo que a percentagem total de todos os itens seria superior a 100.

A Tabela-5.1.12 mostra que a maioria dos inquiridos (100%) tinha cortador de palha, khurpi e foice, seguidos de pá (96%), kudal (80%), pulverizador (60%), pata (32%), charrua deshi (19%), cultivador, debulhador e espanador (12%), rotavator (08%), charrua de disco (07%), semeador (06%) e plantador de batatas (02%), respetivamente. Assim, pode dizer-se que os inquiridos possuíam um bom número de alfaias.

Posse de material de transporte:

Tabela-5.1.13: Distribuição dos inquiridos com base em materiais de transporte.

N=100

S. No.	Medium of Transportation	Respondents	
		Number	Percentage
1.	Cycle	97	97.00
2.	Bike/scooter	93	93.00
3.	Bullock cart	12	12.00
4.	Jeep/ Car	12	12.00
5.	Tractor	12	12.00
6.	Tractor Trolley	12	12.00

Nota: Os inquiridos indicaram mais do que um item, pelo que a percentagem total de todos os itens seria superior a 100.

A Tabela 5.1.13 indica claramente que uma maioria esmagadora dos inquiridos (97%) tinha a bicicleta como meio de transporte, seguida da bicicleta/scooter (93%), carrinho de trator, trator, jipe/carro e carro de bois (12%), respetivamente. Assim, pode concluir-se dos dados acima que a bicicleta e a bicicleta/scooter são meios de transporte importantes para os inquiridos.

As casas detêm a posse de materiais:

Tabela-5.1.14: Distribuição dos inquiridos com base nos materiais domésticos.

N=100

S. No.	Particulars	Respondents	
		Number	Percentage
1.	Wall Watch	100	100.00
2.	Fan/cooler	100	100.00
3.	Cots	100	100.00
4.	Wrist Clock	89	89.00
5.	Chairs	86	86.00
6.	Pressure cooker	72	72.00
7.	Crockery	67	67.00

8.	Gas stove/gas cylinder	52	52.00
9.	Sewing machine	52	52.00
10.	Solar lantern	46	46.00
11.	Double bed	39	39.00
12.	Electric press	38	38.00
13.	Dressing table	23	23.00
14.	Sofa set	17	17.00
15.	Dining table	2	02.00

Nota: Os inquiridos indicaram mais do que um item, pelo que a percentagem total de todos os itens seria superior a 100.

A Tabela 5.1.14 indica claramente que 100% dos inquiridos referiram ter relógio de parede, ventoinha/refrigerador e berço, seguidos de relógio de pulso (89%), cadeiras (86%), panela de pressão (72%), loiça (67%), fogão a gás/garrafa de gás, máquina de costura (52%), lanterna solar (46%), cama de casal (39%), prensa eléctrica (38%), toucador (23%), conjunto de sofá (17%) e mesa de jantar (02%), respetivamente. O estado dos materiais de uso doméstico parece ser bom.

Posse de meios de comunicação:

Tabela-5.1.15: Distribuição dos inquiridos com base na posse de meios de comunicação.

N=100

S. No.	Communication media	Respondents	
		Number	Percentage
1.	Mobile phone	100	100.00
2.	T.V.	80	80.00
3.	News paper	77	77.00
4.	Radio	72	72.00
5.	D.T.H.	65	65.00
6.	VCD player	63	63.00
7.	Dish Antenna	10	10.00
8.	Internet	22	22.00

9.	Laptop	15	15.00
10.	General Magazines	06	06.00
11.	desktop	05	05.00

Nota: Os inquiridos indicaram mais do que um item, pelo que a percentagem total de todos os itens seria superior a 100.

A Tabela 5.1.15 mostra que a maioria dos inquiridos (100%) possuía um telemóvel. Os restantes inquiridos que tinham consigo outros meios de comunicação eram, por ordem decrescente, a televisão (80%), o jornal (77%), a rádio (72%), o D.T.H. (65%), o leitor de VCD (63%), a Internet (22%), o computador portátil (15%), a antena parabólica (10%), as revistas em geral (06%) e o computador de secretária (05%), respetivamente. Assim, pode inferir-se que o telemóvel,

A televisão e o jornal são as principais fontes de informação e de lazer.

Posse global de materiais:

Tabela-5.1.16: Distribuição dos inquiridos com base na posse geral de materiais.

N=100

S. No.	Categories (score value)	Respondents	
		Number	**Percentage**
1.	Low (up to 31)	5	05.00
2.	Medium (32 to 47)	83	83.00
3.	High (48 and above)	12	12.00
	Total	100	100.00

Média=39.59, S.D.=8.24, Min=27, Max.=67

A posse geral de materiais foi categorizada em três categorias principais com base em pontuações como baixa (até 31 pontuações), média (32 a 47 pontuações) e alta (48 e mais pontuações). Os dados apresentados no Quadro 5.1.16 revelam que o maior número de inquiridos (83%) se encontra na categoria média de posse de materiais, seguida das categorias alta (12%) e baixa (05%), respetivamente. Assim, pode concluir-se que os 60

A posse de materiais dos inquiridos foi consideravelmente melhor. A média das pontuações relativas à posse de materiais foi de 39,59, com um mínimo de 27 e um máximo de 67 pontuações.

Contacto de extensão:

Tabela-5.1.17: Distribuição dos inquiridos com base no contacto com a extensão.

N=100

S. No.	Source of information	Respondents	
		Mean score value	**Ranks**
A.	**Formal source**		
1.	Gram pradhan	4.92	I
2.	Kisan shayak	3.7	II
3.	Mandi samitti	3.42	III
4.	Seed &Ferti. Store	2.86	IV
5.	Co-operative society	2.61	V
6.	V.D.Os.	1.8	VI
7.	A.D.Os.	0.78	VII
8.	B.D.O.	0.14	VIII
	Average	**2.02**	
B.	**Informal source**		
1.	Family Members	6.00	I
2.	Friends	3.3	II
3.	Relatives	2.66	III
4.	Progressive Farmers	2.64	IV
5.	Local Leaders	2.5	V
6.	Neighbours	2.34	VI
	Average	**3.24**	

C.	**Mass media source**		
1.	T.V.	6.00	I
2.	News bulletin	5.8	II
3.	Mobile Phone	5.09	III
4.	Radio	4.56	IV
5.	News paper	4.36	V
6.	Farmer fairs	2.54	VI
7.	Field day	0.4	VII
8.	Internet	0.05	VIII
9.	Poster	0.02	IX
	Average	**1.80**	
	Overall average	**7.06**	

É evidente no Quadro 5.1.17 que, no que diz respeito às fontes formais, os inquiridos com classificação I (4,92) estabeleceram mais contacto com o gram pradhan, seguido do kisan sahayak II (3,70), mandi samiti III (3,42), seed &ferti. Store IV (2,86), sociedades cooperativas V (2,61), V.D.Os VI (1,80), A.D.Os VII (0,78) e B.D.O. VIII (0,14), respetivamente. A pontuação média encontrada foi de 2,02. No que diz respeito às fontes informais, os membros da família, amigos, parentes, agricultores progressistas, líderes locais e vizinhos foram classificados em I, II, III, IV, V e VI por ordem decrescente dos seus valores, ou seja, 6,00, 3,3, 2,66, 2,64, 2,5 e 2,34, respetivamente, sendo a pontuação média de 3,24. No que diz respeito às fontes de comunicação de massas, a televisão, os boletins informativos, o telemóvel, a rádio, o jornal, a feira dos agricultores, o dia de campo, a Internet e o cartaz foram classificados em I, II, III, IV, V, VI, VII, VIII e IX, por ordem decrescente dos seus valores, ou seja, 6,00, 5,8, 5,09, 4,56, 4,36, 2,54, 0,4, 0,05 e 0,02, respetivamente, sendo a pontuação média de 1,80.

Por conseguinte, pode concluir-se que as fontes de informação informais parecem ser as mais importantes, uma vez que são geralmente utilizadas pela maioria dos inquiridos. As fontes de informação formais e dos meios de comunicação social também foram utilizadas pelos inquiridos de forma considerável. A média global das pontuações relativas às fontes de informação formais, informais e dos meios de comunicação social foi de 7,07, o que pode ser considerado como um contacto razoável com as fontes de informação.

Motivação económica:

Tabela-5.1.18: Distribuição dos inquiridos de acordo com a motivação económica.   **N=100**

S. No.	Categories (score value)	Respondents	
		Number	**Percentage**
1.	Low (up to 18)	21	21.00
2.	Medium (19-21)	47	47.00
3.	High (22and above)	32	32.00
	Total	**100**	**100.00**

Média=20,4, S.D. =2,04, Mín. =15, Máx. =25

O Quadro 5.1.18 mostra que a maioria (47%) dos inquiridos tinha um nível médio de motivação económica, seguido de um nível elevado (32%) e baixo (21%) de motivação económica, respetivamente. Com base nos dados, pode dizer-se que não foram encontradas grandes diferenças na motivação económica entre os inquiridos. A pontuação média para a motivação económica foi de 20,4.

Por conseguinte, pode concluir-se que a maioria dos inquiridos tem um nível médio de motivação económica.

Orientação científica:

Tabela-5.1.19: Distribuição dos inquiridos com base na orientação científica.

N=100

S. No.	Categories (score value)	Respondents	
		Number	**Percentage**
1.	Low (up to 18)	31	31.00
2.	Medium (19-20)	39	39.00
3.	High (21 and above)	30	30.00
	Total	**100**	**100.00**

Média=19,58, S.D. =1,86, Mín. =15, Máx. =23

A Tabela-5.1.19 mostra que o número máximo de inquiridos (39%) tinha um nível médio de orientação científica, enquanto (31%) e (30%) dos inquiridos estavam nas categorias de níveis baixo e alto de orientação científica, respetivamente.

A média das pontuações da orientação científica foi de 19,58. Pode concluir-se que a maioria dos inquiridos possui um nível médio de orientação para o conhecimento científico.

Orientação para o risco:

Tabela-5.1.20: Distribuição dos inquiridos com base na orientação para o risco.

N=100

S. No.	Categories (score value)	Respondents	
		Number	**Percentage**
1.	Low (up to 19)	22	22.00
2.	Medium (20-22)	45	45.00
3.	High (21 and above)	33	33.00
	Total	**100**	**100.00**

Média=21,14, S.D. =2,07, Mín. =15, Máx. =25

É evidente na Tabela-5.1.20 que o número máximo de

inquiridos (45%) tinha um nível médio de orientação para o risco, enquanto (33%) e (22%) dos inquiridos se encontravam nas categorias de níveis elevado e baixo de orientação para o risco, respetivamente.

A média das pontuações da orientação para o risco foi de 21,14. Pode concluir-se que a maioria dos inquiridos possui um nível médio de orientação para o conhecimento científico.

5.2: Grau de conhecimento:

Tabela-5.2.1: Grau de conhecimento sobre práticas tecnológicas de cultivo de grama verde.

N=100

S. No.	Green gram cultivation practices	No. of respondent	Percentage
1.	High yielding varieties		
a.	Pusa Baisakhi	65	65.00
b.	Type-44	59	59.00
c.	K-4	57	57.00
d.	Sheela	60	60.00
2.	First ploughing done for cultivation	78	78.00
3.	Much ploughing are required before sowing	45	45.00
4.	Recommended Seed rate	81	81.00
5.	FIR(Fungicide, Insecticide, Rhizobium) culture		
a.	Recommended dose of Fungicide	45	45.00
b.	Recommended dose of Insecticide	55	55.00
c.	Recommended dose of Rhizobium	83	83.00
6.	Time of seed treatment	73	73.00

7.	Timely sowing	99	99.00
8.	Recommended dose of Fertilizers	65	65.00
9.	Irrigation management	94	94.00
10.	Intercultural operation	86	86.00
11.	Insect/Pest management	70	70.00
12.	Disease management	68	68.00
13.	Best time for Harvesting	88	88.00
	Overall percentage		**70.61**

É óbvio a partir da Tabela-5.2.1. Que, entre as 13 práticas tecnológicas de cultivo de grama verde, a sementeira atempada (99%) é a que mais conhecimentos possui os inquiridos. A prática da gestão da irrigação (94%), seguida da melhor altura para a colheita (88%), operação intercultural (86%), dose recomendada de cultura de rizóbio (83%), taxa de sementes recomendada (81%), primeira lavoura feita para cultivo (78%), altura do tratamento de sementes (73%), gestão de insectos/pragas (70%), gestão de doenças (68%), dose recomendada de fertilizantes, variedade de alto rendimento pusa baisakhi each (65%), variedade de alto rendimento sheela (60%), variedade de alto rendimento Type-44 (59%), variedade de alto rendimento K-4 (57%), dose recomendada de inseticida (55%), dose recomendada de fungicida (45%), é necessária muita lavoura antes da sementeira (45%). O índice global de conhecimentos foi calculado em 70,61%. Pode calcular-se que o grau de conhecimento sobre práticas tecnológicas de cultivo de grama verde parece ser satisfatório.

Tabela-5.2.2: Conhecimento geral dos inquiridos.

N=100

S. No.	Categories (score value)	Respondents	
		Number	**Percentage**
1.	Low (up to 9)	15	15.00
2.	Medium (10-12)	49	49.00
3.	High (13 and above)	36	36.00
	Total	**100**	**100.00**

Média=11,59, S.D. =2,18, Mín. =8, Máx. =17

É óbvio, a partir da Tabela-5.2.1, que a maioria dos inquiridos (49%) tinha conhecimentos na categoria média (10 a 12), seguidos de (36%) e (15%) para (13 e mais) e (até 9), respetivamente. Assim, a maioria dos conhecimentos sobre práticas tecnológicas de cultivo de grama verde. Enquadram-se na categoria média (10 a 12). A média das pontuações da extensão do conhecimento observada é de 11,59.

5.3: Grau de adoção:

Tabela-5.3.1: Grau de adoção de práticas tecnológicas de cultivo de grama verde.

N=100

S. No.	Green gram cultivation practices	No. of respondent	Percentage
1.	**High yielding varieties**		
a.	Pusa Baisakhi	44	44.00
b.	Type-44	43	43.00
c.	K-4	52	52.00
d.	Sheela	36	36.00

2.	First ploughing done for cultivation	77	77.00
3.	Recommended Seed rate	81	81.00
4.	**Much culture apply for treating the green gram seed**		
a.	Rhizobium culture	80	80.00
b.	Thiram	18	18.00
5.	timely sowing	97	97.00
6.	Recommended dose of Fertilizers	47	47.00
7.	Irrigation management	97	97.00
8.	Intercultural operation	87	87.00
9.	Insect/Pest management	35	35.00
10.	Disease management	51	51.00
11.	Best time for Harvesting	82	82.00
	Overall percentage		**61.8**

É óbvio a partir da Tabela-5.3.1. Entre todas as 11 práticas tecnológicas de cultivo de grama verde, a sementeira atempada e a gestão da irrigação são as que possuem mais conhecimentos (97%). A prática da operação intercultural (87%), a melhor altura para a colheita (82%), a taxa de sementes recomendada (81%), a cultura de rizóbio (80%), a primeira lavoura feita para o cultivo (77%), a variedade K-4 de alto rendimento (52%), a gestão de doenças (51.00%), dose recomendada de fertilizantes (47%), variedade de alto rendimento pusa baisakhi (44%), variedade de alto rendimento Type-44 (43%), variedade de alto rendimento sheela (36%), gestão de insectos/pragas (35%), thiram (18%). O índice global de conhecimentos foi calculado em 61,8%. Pode calcular-se que o grau de adoção de práticas tecnológicas de cultivo de grama verde parece ser satisfatório.

Tabela-5.3.2: Nível de adoção global dos inquiridos.

N=100

S. No.	Categories (score value)	Respondents	
		Number	Percentage
1.	Low (up to 8)	27	27.00
2.	Medium (9-10)	61	61.00
3.	High (11 and above)	12	12.00
	Total	100	100.00

Média=9,22, S.D. =1,51, Mín. =7, Máx. =12

É óbvio a partir da Tabela-5.3.2 que a maioria dos inquiridos (61,00 %) foi adoptada na categoria média (9 a 10), seguida de 27,00% e 12,00% para (até 8) e (11 e acima), respetivamente. Assim, a maioria do nível de adoção de práticas tecnológicas de cultivo de grama verde. Enquadram-se na categoria média (9 a 10). A média das pontuações da extensão do nível de adoção observada é de 9,22.

5.4: Desfasamento tecnológico:

Tabela-5.4.1: Lacuna tecnológica do agricultor no cultivo de grama verde constatada.

N=100

S. No.	Practices of green gram cultivation	Max. attainable score	Obtained response of respondents	Gap in score	Gap in % gap	Rank
1.	**High yielding varieties**					

a.	Pusa Baisakhi	100	44	56	56.00	VI
b.	Type-44	100	43	57	57.00	V
c.	K-4	100	52	48	48.00	IX
d.	Sheela	100	36	64	64.00	IV
2.	First ploughing done for cultivation	100	77	33	33.00	X
3.	Recommended Seed rate	100	81	19	19.00	XI
4.	**Much culture apply for treating the green gram seed**					
a.	Rhizobium culture	100	80	20	80.00	II
b.	Thiram	100	18	82	82.00	I
5.	Best time of sowing	100	97	03	03.00	IVX (a)
6.	Recommended dose of	100	47	53	53.00	VII

	fertilizers					
7.	Irrigation management	100	97	03	03.00	IVX (b)
8.	Intercultural operation	100	87	13	13.00	XIII
9.	Insect/pest measures	100	35	65	65.00	III
10.	Disease measures	100	51	49	49.00	VIII
11.	Best time for harvesting	100	82	18	18.00	XII
	Overall percentage				42.86	

É óbvio a partir da Tabela-5.4.1. Que, entre todas as 11 práticas de cultivo de grama verde, thiram (82%), cultura de rizóbio (80%), no que diz respeito à lacuna tecnológica possuída pelos inquiridos. A prática de medidas contra insectos/pragas (65%), variedade melhorada sheela (64%), tipo 44 (57%), variedade melhorada pusa baisakhi (56%), dose recomendada de fertilizantes (53%), medidas contra doenças (49%), variedade melhorada K-4 (48%), primeira lavoura feita para cultivo (33%), taxa recomendada de sementes (19%), melhor altura de colheita (18%), operação intercultural (13%), gestão da irrigação e melhor altura de sementeira cada (03%). O índice global de lacuna tecnológica foi calculado em 42,86%. Pode calcular-se que o grau de lacuna tecnológica das práticas de cultivo da grama verde parece ser satisfatório.

No que diz respeito à lacuna tecnológica das práticas de cultivo de grama verde, verificou-se que as práticas são as *seguintes* thiram, cultura de rizóbio, medidas contra insectos/pragas, variedade melhorada sheela, tipo-44, variedade melhorada pusa baisakhi, dose recomendada de fertilizantes, medidas contra doenças, variedade melhorada K-4, primeira lavoura feita para cultivo, A taxa de sementes recomendada, a melhor época de colheita, a operação intercultural, a gestão da irrigação e a melhor época de sementeira receberam as seguintes ordens: 1st, 2nd, 3rd, 4th, 5th, 6th, 7th, 8th, 9th, 10th, 11th, 12th, 13th, 14th (a) e 14th (b), respetivamente.

5.5: Análise estatística:

Tabela-5.5.1: Coeficiente de correlação (r) entre diferentes variáveis independentes e conhecimento sobre práticas tecnológicas de cultivo de grama verde.

S. No.	Independent Variable	Correlation Coefficient
1.	Age	0.114898
2.	Education	0.148629
3.	Caste	-0.01182
4.	Type of family	0.132791
5.	Size of family	0.137262
6.	Size of land holding	0.06522
7.	Occupation	-0.12903
8.	**Annual income**	**0.470391****
9.	**Social participation**	**0.510881****
10.	Housing pattern	0.021922
11.	Material possession	0.158554
12.	Economic motivation	0.254659*
13.	**Extension contact**	**0.289202****
14.	Risk orientation	0.112308
15.	Scientific orientation	0.070131

* Significativo ao nível de 0,05% de probabilidade

** Significativo ao nível de 0,01% de probabilidade

A Tabela 5.5.1 mostra que, das 15 variáveis estudadas, as variáveis i.e. grau de adoção do rendimento anual, participação social e contacto com a extensão foram consideradas altamente significativas e positivamente correlacionadas com o grau de conhecimento. A variável como a motivação económica foi considerada significativa e positivamente correlacionada. As variáveis idade, habilitações literárias, tipo de família e dimensão da família, dimensão da propriedade fundiária, padrão de habitação, posse de materiais, orientação para o risco e orientação científica foram consideradas positivamente correlacionadas com o grau de conhecimento. As variáveis como a casta e a profissão foram negativamente correlacionadas com o nível de conhecimentos. As variáveis que mostraram uma relação positiva e significativa tiveram uma influência direta no grau de conhecimento sobre o rendimento anual, a participação social e o contacto com a extensão. Isto significa que se os valores destas variáveis aumentarem, o grau de conhecimento das práticas tecnológicas também aumenta.

Tabela-5.5.2: Coeficiente de correlação (r) entre diferentes variáveis e o nível de adoção de práticas tecnológicas na cultura da grama verde.

S. No.	Independent Variable	Correlation Coefficient
1.	Age	0.091789
2.	Education	0.101696
3.	Caste	-0.22324*
4.	Type of family	0.187867
5.	Size of family	0.165247
6.	Size of land holding	0.088213
7.	Occupation	-0.04226

8.	Annual income	**0.32051****
9.	Social participation	**0.401862****
10.	Housing pattern	0.057321
11.	Material possession	0.117205
12.	**Economic motivation**	**0.284779****
13.	Extension contact	0.215934*
14.	Risk orientation	0.156552
15.	Scientific orientation	-0.06004

* Significativo ao nível de 0,05% de probabilidade0   ,197

** Significativo ao nível de probabilidade de 0,01%0   ,257

Ao ler a Tabela 5.5.2, parece claro que a variável como o conhecimento sobre o rendimento anual, a participação social e a motivação económica tiveram uma correlação altamente significativa e positiva com a adoção de práticas tecnológicas de grama verde. A variável contacto com a extensão teve uma correlação significativa e positiva com a adoção de práticas tecnológicas de gramíneas verdes. Assim, pode concluir-se que, se os valores das variáveis aumentarem, o grau de adoção das práticas tecnológicas da grama verde também aumentará.

5.6: Restrições:

Tabela-5.6.1: Os problemas no cultivo da grama verde percebidos pelos inquiridos.

N=100

S.No.	Problems/Constraints	Respondents		Ranks
		No.	**Per cent**	
1.	Lack of knowledge about high yielding varieties.	89	89.00	II

2.	Lack of proper information.	76	76.00	V
3.	High cost of different varieties of seed	47	47.00	XI
4.	Lack of interest viewing the new practices.	66	66.00	VII
5.	Lack of Education.	58	58.00	X
6.	High cost of chemical fertilizers.	92	92.00	I
7.	Lack of post-harvest management.	78	78.00	IV
8.	Lack of knowledge about Insect/Pest.	65	65.00	VIII
9.	Lack of knowledge about disease.	60	60.00	IX
10.	Lack of skilled labour.	35	35.00	XII
11.	High labour cost.	79	79.00	III
12.	High transportation cost.	71	71.00	VI
13.	Lack of storage facilities.	30	30.00	XIII

Uma leitura da Tabela-5.6.1 indica que o número máximo de inquiridos (92%), com uma classificação de primeiro lugar, concordou com as afirmações de que o "custo elevado dos fertilizantes químicos" é o problema comum, seguido da "falta de conhecimentos sobre variedades de alto rendimento" (89%), na segunda posição, do "custo elevado da mão de obra" (79%), na terceira posição, da "falta de gestão pós-colheita" (78%), na quarta posição, da "falta de informação adequada" (76%), na quinta posição, e do "custo elevado do transporte" (71%), na sexta posição, "Falta de interesse pelas novas práticas" (66%) na sétima posição, "Falta de conhecimentos sobre insectos/pragas" (65%) na oitava posição, "Falta de conhecimentos sobre doenças" (60%) na nona posição, "Falta de educação" (58%) na décima posição, "Custo elevado das diferentes variedades de sementes" (47%) na décima primeira posição, "Falta de mão de obra especializada" (35%) na décima segunda posição e "Falta de instalações de armazenamento" 30% na décima terceira posição, respetivamente.

5.7: Medidas de correção:

Tabela-5.7.1: Medidas correctivas para melhorar o cultivo de grama verde.

N=100

S. No.	Solution	Respondents		Ranks
		No.	%	
1.	A permanent source of information should be among the farmers related Green gram cultivation.	65	65.00	V
2.	Contact from nearest K.V.K. for Green gram cultivation technique.	45	45.00	VII
3.	Provide should be Low cost of chemical fertilizers.	79	79.00	II
4.	Efforts should be made for providing fertilizers on Sowing time.	78	78.00	III
5.	Village level Training camp on post-harvest management.	69	69.00	IV
6.	Demonstrations of different culture methods should be organized.	57	57.00	VI
7.	Flexible sources of credit.	85	85.00	I

Uma leitura da Tabela-5.7.1 indica que o número máximo de inquiridos (85%), com uma classificação de primeiro lugar, concordou com as afirmações de que "Fontes flexíveis de crédito" é o problema comum, seguido de "Fornecer fertilizantes químicos de baixo custo" (79%) na segunda posição, "Devem ser feitos esforços para fornecer fertilizantes na altura da sementeira" (78%) na terceira posição, "Campo de formação a nível da aldeia sobre gestão pós-colheita" (69%) em quarto lugar, "Deve haver uma fonte permanente de informação entre os agricultores relacionada com a cultura da grama verde" (65%) em quinto lugar, "Devem ser organizadas demonstrações de diferentes métodos de cultura" (57%) em sexto lugar e "Contacto do K.V.K. mais próximo para a técnica de cultivo de grama verde" (45%) em sétimo lugar, respetivamente.

Capítulo-VI

RESUMO E CONCLUSÃO

O presente estudo, intitulado **"Study on technological gap in adoption of green gram (summer season) cultivation in Malwan block of Fatehpur district (U.P.)"**, será realizado.

Das 72 aldeias do bloco de desenvolvimento comunitário em Malwan, distrito de Fatehpur, 5 aldeias serão seleccionadas propositadamente para o estudo devido aos critérios de proximidade das aldeias dos investigadores e à sua fácil acessibilidade. A partir dessa lista, será elaborada uma lista completa de todos os produtores de grama verde em cada aldeia selecionada. Será selecionado um número total de 100 produtores de grama verde através da técnica de amostragem aleatória. O próprio investigador recolheu os dados dos inquiridos com a ajuda de um programa de entrevistas pré-testado.

A análise será feita com recurso a percentagens, bem como aos constrangimentos enfrentados pelo agricultor e ao conhecimento e à adoção, ao grau de conhecimento no que respeita às práticas tecnológicas na cultura da grama verde, ao grau de adoção no que respeita às práticas tecnológicas na cultura da grama verde. O estudo também destacou os problemas e as suas soluções, tal como são percepcionados pelos produtores de grama verde.

Este estudo será realizado tendo em conta os seguintes objectivos:

5. Estudar o perfil sócio-económico dos inquiridos.

6. Estudar os conhecimentos e o grau de adoção dos agricultores sobre as práticas tecnológicas de cultivo da grama verde (estação do verão).

7. Estudar os constrangimentos enfrentados pelos agricultores na adoção de práticas tecnológicas de cultivo de grama verde (estação do verão).

8. Procurar medidas correctivas para ultrapassar os constrangimentos em adoção de práticas tecnológicas de cultivo.

Perfil socioeconómico dos inquiridos:

1. Um número máximo de inquiridos (67%) pertencia ao grupo etário médio, *ou seja*, 38-52 anos.

2. O máximo, *ou seja*, 96% dos inquiridos eram alfabetizados, enquanto 4% eram analfabetos.

3. O número máximo de inquiridos (38%) pertencia à casta geral, seguido de outras castas atrasadas (OBC) (35%) e da casta do programa (SC) (27%).

4. Em termos de percentagem, as famílias conjuntas eram em maior número do que as famílias simples. 56% dos inquiridos pertenciam a famílias conjuntas, enquanto 44% pertenciam a famílias monoparentais.

5. 49% dos inquiridos tinham 7-10 membros nas suas famílias, seguidos de 31% que tinham até 6 membros e 11 membros ou mais e 20% que tinham, respetivamente.

6. A percentagem máxima de inquiridos, *ou seja*, 43%, era de proprietários de terras de dimensão média (2-4 ha), 41% de proprietários de terras de pequena dimensão (1-2 ha) e 16% de proprietários de terras de dimensão marginal (menos de 1 ha), respetivamente.

7. Uma maioria esmagadora, *ou seja*, 75% das famílias inquiridas, referiu a agricultura como a sua principal ocupação.

8. Um número máximo (70%) dos inquiridos auferia o rendimento anual de Rs. 83001-220000, enquanto 15% e 15% dos inquiridos auferiam o rendimento anual de Rs. 220001 e superior e até 83000, respetivamente.

9. O número máximo de inquiridos (64%) referiu ter um padrão de habitação misto, seguido de (33%) pucca e (03%) kachcha,

respetivamente.

10. A maioria, *ou seja*, 57% dos inquiridos participa numa organização, seguido de 43% de inquiridos que não participam em nenhuma organização, respetivamente. Isto significa que os inquiridos têm mais interesse em participar na organização social, respetivamente.

11. 86% dos inquiridos utilizavam motores a gasóleo, seguidos de motores eléctricos (65%), bois (19%), tractores (12%) e motocultivadores (04%).

12. A maioria dos inquiridos (100%) possuía khurpi, cortador de palha e foice, seguidos de pá (96%), kudal (80%), pulverizador (60%) e pata (32%) como instrumentos agrícolas.

13. A maioria dos inquiridos tinha bicicleta (97%), seguida de motociclo (93%), jipe/carro, carro de bois e trator (12%), respetivamente.

14. A maioria dos inquiridos (100%) possuía relógio de parede, ventoinha e berço, seguidos de relógio de pulso (89%), cadeira (86%) e loiça (67%) como materiais domésticos.

15. A maioria dos inquiridos (100%) possuía telemóvel. Os restantes inquiridos que possuíam outros meios de comunicação eram, por ordem decrescente, a televisão (80%), o jornal (77%), a rádio (72%), o D.T.H. (65%), o V.C.D. (63%), a antena parabólica (10%), a Internet (22%), o computador portátil (15%), as revistas em geral (06%) e o computador (de secretária) (05%), respetivamente. Assim, pode inferir-se que o telemóvel e a televisão são as principais fontes de informação e de lazer.

16. A maioria dos inquiridos (83%) tinha um nível médio de posse de material.

17. A maioria dos inquiridos (47%) tinha um nível médio de motivação económica, seguido de (32%) níveis elevados e (21%) baixos, respetivamente.

18. A maioria dos inquiridos (39%) tinha um nível médio de orientação científica, seguido de (31%) níveis baixo e (30%) alto, respetivamente.

19. A maioria dos inquiridos (45%) tinha um nível médio de orientação para o risco, seguido de (33%) um nível elevado e (22%) um nível baixo, respetivamente.

20. O contacto dos inquiridos com o gram-pradhan foi máximo entre as fontes formais, seguido do kisan sahayak e do mandi samiti, respetivamente.

No caso das fontes informais, o contacto máximo dos inquiridos foi com familiares e amigos, seguido de parentes, agricultores progressistas, líderes locais e vizinhos.

No que se refere à exposição aos meios de comunicação social, o maior número de inquiridos referiu a televisão como principal fonte de informação, seguida do boletim de notícias, do telemóvel, da rádio e do jornal.

- Grau de conhecimento sobre práticas tecnológicas de cultivo de grama verde:

O grau de conhecimento dos inquiridos sobre práticas tecnológicas de cultivo de grama verde, o número máximo de inquiridos 49 por cento foi encontrado em médio (10-12) seguido de 36 por cento em alto (13 e acima) e 15 por cento em baixo (até 9).

- **Nível de adoção de práticas tecnológicas de cultivo de grama verde:**

Nível de adoção dos inquiridos sobre práticas tecnológicas de cultivo de grama verde, o número máximo de inquiridos, 61%, foi encontrado em médio (9-10), seguido de 27% em baixo (até 8) e 11% em alto (11 e acima).

- **Descobrir a lacuna tecnológica dos agricultores no cultivo da grama verde:**

De 11 práticas tecnológicas comuns de cultivo de grama verde. E descobrir as lacunas tecnológicas que apresentam. O número máximo de inquiridos, 82%, com uma classificação de primeiro lugar, concordou com as afirmações de que "o tratamento da semente de grama verde com cultura de tirame" é a principal lacuna tecnológica, seguido do "tratamento da semente de grama verde com cultura de rizóbio", 80% na segunda posição, "controlo de insectos/pragas", 65% na terceira posição e "variedades de elevado rendimento", 64% respetivamente.

- **Restrições:**

Dos 13 problemas comuns, o número máximo de inquiridos, 92%, com uma classificação de primeiro lugar, concordou com as afirmações de que o "custo elevado dos fertilizantes químicos" é o problema comum, seguido da "falta de conhecimentos sobre variedades de alto rendimento", 89%, em segundo lugar, e do "custo elevado da mão de obra", 79%, em terceiro lugar, respetivamente.

- **Coeficiente de correlação (r) entre diferentes variáveis e conhecimentos:**

Das 15 variáveis estudadas, as 3 variáveis, ou seja, o grau de adoção de práticas tecnológicas de cultivo de grama verde, o rendimento anual, a participação social e o contacto com a extensão, foram consideradas altamente significativas e positivamente correlacionadas com o grau de conhecimento.

- **Coeficiente de correlação (r) entre as diferentes variáveis e a adoção:**

Das 15 variáveis estudadas, as 3 variáveis, ou seja, conhecimento sobre práticas tecnológicas de cultivo de grama verde, rendimento anual, participação social, motivação económica e grau de contacto, tiveram uma correlação altamente significativa e positiva com a adoção de práticas de cultivo de grama verde.

- **Medidas de correção:**

1. O número máximo de inquiridos, 85%, com uma classificação de primeiro lugar, concordou com as afirmações de que "fontes flexíveis de crédito" é o problema comum, seguido de "fornecer fertilizantes químicos a baixo custo", 79% na segunda posição, "devem ser feitos esforços para fornecer fertilizantes na altura da sementeira", 78% na terceira posição, "campo de formação a nível da aldeia sobre gestão pós-colheita", 69% na quarta posição, respetivamente.

2. Deve ser assegurado aos agricultores o acesso a sementes testadas de variedades de grama verde de elevado rendimento.

3. As fontes formais devem ser responsabilizadas pela concessão atempada de empréstimos aos agricultores para a obtenção de fertilizantes, produtos químicos e equipamento.

4. Deve ser disponibilizada ajuda financeira e técnica aos agricultores para que possam dispor de uma fonte menor de irrigação.

5. O pessoal do serviço de extensão deve ser alertado para prestar assistência técnica aos agricultores de tempos a tempos, sob pena de serem tomadas medidas disciplinares.

6. Os agricultores devem ser incentivados a participar em campos de formação para aprenderem várias práticas culturais relacionadas com a cultura da grama verde.

7. As políticas relacionadas com o pagamento imediato da grama verde devem ser adoptadas.

8. As perdas ocorridas devido a catástrofes naturais e epidemias de doenças, etc., devem ser compensadas pelo governo.

9. É necessário eliminar os preconceitos na distribuição das variedades recomendadas de grama verde.

10. Deveria existir um centro de venda nas zonas de cultivo de grama verde.

11. As sementes devem ser tratadas com um produto químico adequado.

BIBLIOGRAFIA

Basanayak, R. T.; Kale, S. M. e Chougala, S. (2014). Lacuna tecnológica na adoção de práticas recomendadas em agricultores sobre o cultivo de mamão. *Atualização da Agricultura,* **9** (2): 197-200.

Bhatia, J. N.; Chahal, D.e Chauhan, R. S. (2011). Lacuna tecnológica na adoção de práticas melhoradas de cultivo de cogumelos em Haryana. *Atualização da Agricultura,* **6** (3/4): 206-209.

Biradar, G. S.; Kumar, H. M. V.; e Nagaraj Goudappa, S. B. (2013). Nível de conhecimento dos agricultores sobre práticas melhoradas de cultivo de malagueta nos distritos do nordeste de Karnataka. *Ambiente e Ecologia,* **31** (2B): 828-831.

Burman, R. R.; Singh, S. K. e Singh, A. K. (2010). Gap in adoption of improved pulse production technologies in Uttar Pradesh [Lacuna na adoção de tecnologias melhoradas de produção de leguminosas em Uttar Pradesh]. *Indian Research Journal of Extension Education,* **10** (1): 99-104.

Das, J. K. e Pal, P. K. (2003). Technological gap in kharif paddy in Cooch Behar District of West Bengal. *Environment and Ecology,* **21** (1): 92-94.

Dalvi, S. T.; Mahajan, B. S.; Wakle, P. K.; Shinde, S. V.; Sukase, K. A. e Kadam, A. S. (2004). Constrangimentos enfrentados pelos agricultores na adoção de uma cultura melhorada de soja na região de Marathwada. *Journal of Soils and Crops,* **14** (1): 55-57.

Dhakane, S. S.; Khalache, P. G. e Gaikwad, J. H. (2009). Um estudo do conhecimento dos viticultores sobre a tecnologia de produção de uvas recomendada e sugestões para superar a lacuna de adoção de Barshi tahsil do distrito de Solapur. *Atualização Agrícola,* **4** (1/2): 4447.

Divya, K. e Sivakumar, S. D. (2014). Adoção de boas práticas agrícolas (GAP) no cultivo de pimentas por agricultores nos distritos do sul de Tamil Nadu. *Atualização da*

Agricultura, **9** (2): 178-180.

Goswami, K. K.; Bandyopadhyay, A. K. e Shantanu Kar (2003). Lacuna tecnológica na cultura da batata em algumas áreas seleccionadas do distrito de Hooghly, Bengala Ocidental. *Journal ofInteracademicia* , 7
(4): 461-465.

Howal, A. A.; Khalache, P. G. e Sonawane, H. R. (2010). A study of technological gap and the reasons for existence of technological gap. *Asian Journal of Horticulture,* **5** (1): 108-110.

Jadav, N. B. e Solanki, M. M. (2009). Lacuna tecnológica na adoção de tecnologia de produção de manga melhorada. *Atualização da agricultura, 4* (1/2): 59-61.

Jaiswal, A. N.; Lanjewar, D. M.; Murkute, A. A. e Dorkar, A. R. (2002). Razões para a adoção parcial da tecnologia de produção de soja. *Journal of Soils and Crops,* **12** (2): 335-337.

Khuspe, S. B. e Kadam, R. P. (2012). Lacunas na adoção de práticas de produção recomendadas para o grão-de-bico. *Atualização da Agricultura,* **7** (3/4): 301303.

Kumar, V.; Khalache, P. G. e Gaikwad, J. H. (2008). Um estudo sobre a extensão da lacuna tecnológica na adoção de tecnologia de cultivo de arroz pelos produtores de arroz inquiridos do distrito de Sitamarhi do estado de Bihar e as suas sugestões. *Atualização da Agricultura,* **3** (3/4): 290292.

Maheriya, H. N.; Patel, J. K. e Patel, R. C. (2015). Extensão da adoção da tecnologia de produção de arroz recomendada. *Atualização da Agricultura,* **10** (3): 249-251.

Mwangi, B.; Obare, G. e Murage, A. (2014). Estimativa das taxas de adoção de duas tecnologias contrastantes de controlo de ervas daninhas Striga no Quénia. *Revista Trimestral de Agricultura Internacional,* **53** (3): 225-242.

Nehra, O. P. (2011). Demonstração de tecnologia de produção melhorada de grama verde nos campos dos agricultores. *Haryana Journal of Agronomy,* **27** (1/2): 44-46.

Nirmala, B. (2014). Lacunas de rendimento e restrições na ecologia do arroz de terras baixas do leste de Uttar Pradesh. *Revista Internacional de Ciências Vegetais, Animais e Ambientais,* **4** (3): 683-687.

Okuthe, I. K. (2014). A influência de factores institucionais na adoção de tecnologias de gestão integrada de recursos naturais por pequenos agricultores no sudoeste do Quénia. *Jornal Asiático de Ciências Agrícolas,* **6** (1): 16-32.

Pandey, R. K. (2000). Yield gap of wheat and constraints in, adoption of new technology by the farmers in Plateau Region of Bihar. *Indian J. Agril. Eco.,* **55** (3): 538-539.

Patel, M. M.; Khatediya, R. S. e Chatterjee, A. (2001). Adoption gap in sugarcane cultivation among growers. *Indian Journal of Sugarcane Technology,* **16** (1): 127-130.

Patel, M. K.; Shrivastava, K. K.; Sarkar, J. D. e Shrivastava, P. (2009). Influência das características sócio-psicológicas e comunicacionais dos produtores de soja na lacuna tecnológica na tecnologia de produção de soja recomendada. *Journal of Interacademicia,* **13** (4): 507-512.

Patel, M. K.; Shrivastava, K. K.; Shrivastava, P. e Sarkar, J. D. (2010). Efeito das características socioeconómicas dos agricultores na lacuna tecnológica na tecnologia de produção de soja recomendada no distrito de Kabirdham. *Journal of Soils and Crops,* **20** (1): 27-32.

Patel, S.; Patel, R. C. Patel, B. M. e Badhe, D. K. (2011). Factores que afectam a lacuna tecnológica dos produtores de algodão na tecnologia de produção de algodão recomendada. *Agriculture Update,* **6** (3/4): 167169.

Pawal, R. D.; Pisure, B. L. e Jamadar, C. R. (2014). Relação entre as características socioeconómicas dos produtores de brinjal com a sua lacuna de adoção nas práticas de produção. *Tendências em Biociências,* **7** (19): 2903-2906.

Prakash, V.; Singh, H. C. e Mishra, B. (2003). Technological gap and its constraints in rice production. *Farm Science Journal,* **12** (1): 8-10.

Prasad, M. S. e Joseph, R. (2005). Technological gap and its correlates in adoption of crop production technologies. *Indian Journal of Dry land Agricultural Research and Development,* **20** (2): 128-130.

Rai, D. P.; Srivastava, S. e Pal, R. (2000). Technological gap and constraints in dry land farming sunflower in farmers' fields. *Indian Journal of Dryland Agricultural Research and Development,* **15** (2): 90-93.

Sabi, S.; Natikar, K. V. e Patil, S. L. (2014). Conhecimento e lacuna tecnológica na adoção de práticas recomendadas de cultivo em trigo. *Karnataka Journal of Agricultural Sciences, 27* (4): 485 488.

Sharma, H. O.; Singh, R. P. e Patidar, M. (2003). Production constraints in adoption of improved chickpea technology in Madhya Pradesh (Restrições de produção na adoção de tecnologia melhorada de grão-de-bico em Madhya Pradesh). *Indian Journal of Pulses Research,* **16** (2): 125-127.

Sharma, R.; Porwal, R. e Mathur, G. N. (2013). Impacto da demonstração da linha da frente na adoção de tecnologias melhoradas de grama verde. *Ambiente e Ecologia,* **31** (2A): 730-734.

Shivalingaiah, Y. N. e Reddy, K. M. S. (2012). Lacuna de rendimento e análise dos padrões de adoção e restrições de produção dos produtores de amendoim do distrito de Tumkur, Karnataka. *Environment and Ecology,* **30** (3B): 956-960.

Singh, P.; Singh, J. P. e Singh, S. K. (2000). Constraints in adoption of rapeseed and mustard technology of small farmers in Bharatpur District of Rajasthan. *Journal of Agricultural and Scientific Research, 36* (1/2): 60-63.

Singh, S. e Lall, A. C. (2001). Estudos sobre lacunas tecnológicas e restrições na adoção de práticas de gestão de infestantes para o sistema de cultivo de trigo-arroz. *Indi an Journal of Weed Science,* **33** (3/4): 116-119.

Singh, S.; Makhija, V. K.; Shehrawat, P. S. e Singh, S. (2002). Status and constraints in adoption of improved mushroom cultivation practices in Haryana. *Haryana Agricultural University Journal of Research,* **32** (2): 121-128.

Singh, B. Gajja, B. L. (2002). Lacunas na adoção de práticas melhoradas de culturas de bajra, til e guar na zona árida. *Current Agriculture, 26* (1/2): 107-109.

Singh, S. (2007). Factores que influenciam as lacunas tecnológicas na adoção da tecnologia de produção de mostarda (Brassica juncea L.) na zona árida do Rajastão. *Journal of Spices and Aromatic Crops,* **16** (1): 50-54.

Simtowe, F.; Kassie, M.; Diagne, A.; Asfaw, S.; Shiferaw, B.; Silim, S. e Muange, E. (2011). Determinantes da adoção de tecnologias agrícolas: o caso das variedades melhoradas de feijão-frade na Tanzânia. *Revista Trimestral de Agricultura Internacional,* **50** (4): 325-345.

Shashikant, V. G.; Dubey, L. R. e Patil, G. G. I. (2014). Lacunas tecnológicas na produção de grama vermelha no distrito de Gulbarga, em Karnataka. *Agricultural Science Digest,* **34** (1): 45-48.

Torane, S. R.; Talathi, J. M.; Kshirsagar, P. J. e Torane, S. S. (2015). Avaliação económica da adoção de tecnologias na produção de arroz de verão na região de Konkan (MS) - metodologia para a adoção excessiva. *International Research Journal of Agricultural Economics and Statistics,* **6** (1): 9-17.

Thorat, K. S.; Suryawanshi, D. B.e Ban, S. H. (2012). Lacuna tecnológica na adoção de práticas de cultivo recomendadas pelos produtores de manga e constrangimentos enfrentados por eles. *Mysore Journal of Agricultural Sciences,* **46** (1): 160-163.

Umeh, G. N. e Chukwu, V. A. (2015). Determinantes da adoção de tecnologias melhoradas de produção de arroz no Estado de Ebonyi, na Nigéria. *Jornal de Biologia, Agricultura e Cuidados de Saúde,* **5** (7): 170-176.

Vaidkar, R. D.; Wahile, D. P. e Kadam, S. K. (2011). Lacuna na adoção de tecnologia em diferentes estirpes de algodão. *New Agriculturist,* **22** (1): 45-51.

Walke, A. S.; Khalache, P. G. e Gaikwad, J. H. (2009). Estudo da relação entre algumas variáveis independentes e dependentes seleccionadas dos produtores de beringela e a extensão da lacuna tecnológica global. *Atualização Agrícola*, **4** (1/2): 157-159.

Yadav, D. S. e Singh, P. K. (2001). Constrangimentos sentidos pelos agricultores de montanha na adoção de tecnologia de fertilizantes. *Himachal Journal of Agricultural Research,* **26** (1/2): 143-147.

<u>APÊNDICE-I</u>

Departamento de Educação para a Extensão, Universidade N.D. de Agricultura e Tecnologia, Kumarganj, Faizabad-224229

CALENDÁRIO DE ENTREVISTAS

ON

**Estudo sobre a lacuna tecnológica na adoção do
cultivo de grama verde (estação do verão
) no bloco de Malwan do distrito de Fatehpur (U.P.).**

Investigador: -

Data ....

(A) Informações gerais - Sobre os inquiridos:

1. Nome do inquirido: --

Nome do pai: --

Aldeia: --

Correios: --

Bloco: ---

Distrito: ---

Estado: --

Código postal: ------------------------ Número de telemóvel ----------------------------

Correio eletrónico. --

2. Idade (em anos): --

3. Sexo: (Masculino / Feminino) ---

4. Educação: - Analfabeto / Alfabetizado / Aprovado na classe ---------------------

5. Estado civil - casado / solteiro / outro específico -------------------------------

6. Religião: Hindu / Muçulmana / Sikkh / Isai / Baudh / Parsi / Jain / Outra ---------

7. Casta: ---

    A. Casta geral: --

    B. Outras castas atrasadas (OBC): ---

    C. Casta Registada (SC): ---

    D. Tribo Registada (ST): --

8. Tipo de família: --

A. Articulação: --

B. Nuclear: --

9. **Tamanho da família**: Pequeno / Médio / Grande

-------------------- MasculinoFemininoFilhosTotal -----

10. **Dimensão da exploração agrícola:** --

    A. Agricultor marginal (0-1 hact.): --

    B. Pequeno agricultor (1-2 hact.): --

    C. Agricultor médio (2-4 hact.): --

    D. Grande agricultor (mais de 4 hact.): --

11. Descrição da exploração das terras (ha.)

S. No.	Particular	Irrigated	Unirrigated
1	Owned land		
2	Leased in land		
3	Leased out land		
4	Cultivated land		
5	Orchard		
6	Others(X_1)		

X_1 = Parti, Banjar, Orchard, Forest

12. Membros institucionais:

    A. Não ter qualquer filiação institucional

    B. Participação numa associação institucional

    C. Participação em duas associações institucionais

    D. Participação em mais de duas / Membro institucional portador de cargo

13. Ocupação:-

S. No.	Particulars	Main	Subsidiary
1.	Agril labour		
2.	Caste based occupation		
3.	Government Service		
4.	Private Service		
5.	Agriculture		
6.	Business		
7.	Agro-based enterprises		
8.	Dairying		

9.	Gardening		

14. Rendimento anual da família (Rs.) -------------

- **A.** Da fonte principal ----------------------
- **B.** De fonte subsidiária--------------------
- **C.** Rendimento total ----------------------

15. Padrão de habitação:-

S.No.	Particulars	Yes	No
1.	Kachcha house		
2.	Pucca house		
3.	Mixed house		
4.	Modern house		

16. Posse material

(A) . Potência agrícola:-

S. No.	Farm Materials	Yes	No
1.	Bullock		
2.	Tractor		
3.	Power tiller		
4.	Diesel engine		
5.	Electric motor		
6.	Others farm power		

(B) . Implementos agrícolas:-

S. No.	Particulars	Yes	No
1.	Cultivator		
2.	Disc Plough		
3.	Thresher		
4.	Seed drill		
5.	Deshi plough		
6.	Pata		
7.	Kudal		
8.	Potato planter		
9.	Shovel		

S. No.		Yes	No
10.	Sprayer		
11.	Chaff cutter		
12.	Rotavater		
13.	Combine/ harvester		
14.	Khurpi		
15.	Sickle		
16.	Duster		
17.	Other		

(C)   Posse de material de transporte:-

S. No.	Particulars	Yes	No
1.	Bullock cart		
2.	Jeep/ Car		
3.	Pick Up		
4.	Bus		
5.	Tractor		
7.	Tractor Trolley		
8.	Cycle		
9.	Bike/Scooter		
10.	Truck		
11.	Other		

(D) Materiais de uso doméstico:-

S.No.	Particulars	Yes	No
1.	Gas stove/Gas cylinder		
2.	Double bed		
3.	Pressure cooker		
4.	Electric press		
5.	Wall Watch		
6.	Wrist Watch		
7.	Chairs		
8.	Crockery		

S. No.	Particulars		
9.	Heater		
10.	Fan/Cooler		
11.	Sewing machine		
12.	Cots		
13.	Dressing Table		
14.	Dining Table		
15.	Sofa set		
16.	Solar lantern		
17.	Other		

(E) Posse de suportes de comunicação:-.

S. No.	Particulars	Yes	No
1.	Radio		
2.	T.V.		
3.	Tape-recorder		
4.	Telephone		
5.	Mobile		
6.	Agril. Journals/ Magazines		
7.	D.T.H.		
8.	Dish Antenna		
9.	Dish Cable		
10.	General Magazines		
11.	Agriculture Books		
12.	News paper		
13.	Internet		
14.	VCD player		
15.	Desktop		
16.	Laptop		

17. Contacto dos agricultores com as fontes de informação no âmbito da extensão

S.N	Name of The information sources	Daily (6)	Weekly (5)	Fort Nightly (4)	Monthly (3)	Quarterly (2)	Half yearly (1)	No contact (0)
A.	**Formal sources**							
1.	B.D.O.							
2.	A.D.Os							
3.	V.D.Os							
4.	Kishan Sahayak							
5.	Gram-Pradhan							
6.	Co-operative society							
7.	Agril.College/ University							
8.	Mandi Samiti							
9.	Fertilizers/ Seed Stores							
10.	Agril. Scientists							
11.	Other							
B.	**Informal sources**							
1.	Family Members							
2.	Neighbours							
3.	Friends							
4.	Relatives							
5.	Local Leaders							
6.	Progressive farmers							
C.	**Mass media exposure/Contact**							
1.	Radio							
2.	T.V.							
3.	News Paper							
4.	Agril. Books							
5.	News Bulletins							
6.	Field day							
7.	Farm magazines							
8.	Circular letters							
9.	Posters							
10.	Mobile phone							
11.	Farmers Fair							

12.	FLD (Demonstration)							
13.	Folders							
14.	Film shows							
15.	Exhibitions							
16.	Internet							
17.	OFT (On Farm Trail)							

18. Motivação económica:-As afirmações seguintes estão relacionadas com a motivação económica.

Indique o seu grau de concordância/discordância relativamente a cada afirmação.

S.No.	Statements	S. A.	A.	U.D.	D.A.	S.D.A.
1.	A farmer should work towards larger yields of Economic profits by using the green gram cultivation.					
2.	A most successful farmer is one who makes more profits With pulse crop in summer season.					
3.	A farmer should cultivated green gram crop in summer Season, which may earn him more income.					
4.	A farmer should cultivated maximum pules crop to increase monitory profit in comparison to other season For food crops or home consumption.					
5.	It is difficult for the farmers to make good start unless Getting any economic assistance.					
6.	A farmer must earn his living but, the most important Thing is that the life cannot be defined in economic terms.					

19. Orientação científica:-A seguinte afirmação está relacionada com a orientação científica orientação, indique o seu grau de concordância/discordância em relação a cada afirmação.

S. No.	Statements	S.A.	A.	U.D.	D.A.	S.D.A
1.	New methods of Cultivation give better results To a green gram grower than the old methods.					
2.	The ways green gram grower forefathers formed is Still the best way to farm today.					

3.	Even a green gram grower with lots of experience Should use new scientific methods of cultivation.					
4.	Though, it makes times to a green gram grower to Learn new methods in cultivation.					
5.	A good green gram grower experiments with new Ideas in cultivation.					
6.	Traditional methods of cultivation have to be changed in order to raise the level of living of Green gram grower.					

20. Orientação para o risco:-As afirmações seguintes estão relacionadas com a orientação para o risco. Por favor, indique o seu grau de concordância/discordância em relação a cada afirmação.

S.No.	Statements	S.A.	A.	U.D.	D.A.	S.D.A.
1.	A farmer should cultivated green gram crop to have a big Profit than to be content with un-risky smaller Profit.					
2.	A farmer who is cultivated green gram crop to take greater Risk than the average farmers usually does Better financially.					
3.	It is good for a farmer to take risks when he knows that The chance of success is fairly high.					
4.	Taking the large area of green gram crop for the farming by a farmer though, involves risk, but it's worth-while.					
5.	A farmer should cultivated green gram in summer season to avoid greater risk involved in taking less only.					
6.	It is better for a farmer cultivated green gram crop to be Proved better by other crop in summer season.					

SA- Concordo totalmente, A- Concordo, UD- Indeciso, DA - Discordo, SDA- Discordo totalmente

(B)Variável dependente

(a). Conhecimentos sobre as práticas tecnológicas da grama verde:

S. No.	Statement	Yes(1)	No(0)
1.	Do you know the improved varieties of green gram (summer season) recommended for your		

	area? a) Pusa Baisakhi b) Type-44 c) K-44 d) Sheela		
2.	When the first ploughing should be done for cultivation of green gram? Mid-March-April		
3.	Before sowing of green gram, How much ploughing is required? 2 to 3 ploughing		
4.	Do you know how much green gram seed is required in summer season for sowing one hectare? 20 kg/ha.		
5.	Do you know about the line-sowing?		
6.	Do you know about the FIR (Fungicide, Insecticide, and Rhizobium) culture?		
7.	Do you know how much fungicides are required for treating for one kg of seed? Thiram 2 gm./kg		
8.	Do you know how much Insecticides is required for treating for one hect? Thimet(10%)-10kg/hect.		
9.	Do you know which and how much rhizobium culture is used for seed treatment of green gram? 2 kg/ha.		
10.	Do you know for how many hours, the seed should be treated before sowing?		

S. No.	Statement		
	12-15 hrs.		
11.	Do you know about the soil testing?		
12.	What is the best time for sowing of green gram in summer season? Mid-March- Mid April		
13.	Do you know the recommended dose of fertilizers to be applied for one ha? N P K- 20:40:20 kg/ha.		
14.	Do you know that how much irrigation is necessary for green gram in summer season? 5-6 irrigation		
15.	Do you know that how many intercultural operations are required for green gram crop?		
16.	Do you know that which insect and pest who mainly affect the green gram crop in this area?		
17.	Do you know that which disease who mainly affect the green gram crop in this area?		
18.	Do you know that what is the best time for harvesting of the green gram?		

(b). Nível de adesão às práticas tecnológicas da grama verde:

S. No.	Statement	Yes(1)	No(0)
1.	Which improved varieties of green gram (summer season) you have growing in your field? (a). Pusa Baisakhi (b).Type-44 (c). K-44 (d). Sheela		
2.	When did you plough the field of the green gram for the first time?		

	Mid-March-Mid-April		
3.	How much green gram (summer season)seed you use for one ha. Area. 20kg/ha		
4.	Which and how much culture you apply for treating the green gram seed. (a) Rhizobium culture -2 kg/ha (b) Thiram 2 gm/kg		
5.	When did you sown your green gram crop in summer season. Mid-March-Mid-April		
6.	How much fertilisers you apply in green gram field. N P K- 20:40:20 kg/ha		
7.	How much irrigation did you apply in green gram crop? 5-6 irrigation		
8.	How many intercultural operations did you apply in green gram crop? 1-2 Intercultural operations		
9.	Did you apply any control measure against the insect/pest in your green gram crop?		
10.	What control measure did you apply for protection of green gram crop against disease occurred in your green gram crop.		
11.	When did you harvest of green gram crop. Mid May- Mid June		

(C) Restrições:

1 ---

2 ---

3 ---

4 ---

5 ---

6 ---

7 ---

8 ---

9 ---

10 --

(D) Medidas de sugestão:

1 ---

2 ---

3 ---

4 ---

5 ---

6 ---

7 ---

8 ---

9 ---

10 --

RESUMO

O estudo foi realizado no bloco de Malwan do distrito de Fatehpur (U.P.), selecionado propositadamente. Foi selecionado um número total de 100 agricultores através de amostragem aleatória em cinco aldeias com base na maioria dos produtores de grama verde. O calendário estruturado foi elaborado tendo em conta os objectivos e as variáveis em estudo. Os inquiridos foram contactados pessoalmente para a recolha de dados. A percentagem, a média, o desvio-padrão e a correlação foram utilizados para efetuar cálculos e tirar conclusões.

A maioria dos inquiridos, 67%, encontrava-se na faixa etária média (38-52), assim como 96%, 38%, 56%, 49%, 43%, 75%, 70%, 57%, 83%, 47%, 39% e 45% eram alfabetizados, casta geral, família conjunta, tamanho da família de categorias médias (7-10), tamanho da propriedade da terra de categoria média (24), agricultura como ocupação principal, rendimento familiar total de categorias médias (83001 - 220000), participação numa organização, posse geral de bens materiais de categorias médias (32-47), motivação económica de categorias médias (19-21), orientação científica de categorias médias (19-20) e orientação para o risco de categorias médias (20-22), respetivamente, e os inquiridos tiveram mais contactos com o gram pradhan como fontes formais, com membros da família como fontes informais e com a T. V. como contacto com os meios de comunicação social, respetivamente.V. como contacto com os meios de comunicação social, respetivamente. A maioria dos produtores de grama verde.

Variáveis como a participação social foram altamente significativas e positivamente correlacionadas, enquanto que o rendimento anual e o grau de contacto com as fontes de informação e o grau de conhecimento.

A educação, a idade, a posse de materiais e o grau de contacto foram significativos e tiveram uma correlação positiva com o grau de adoção. Na adoção da cultura da grama verde, a lacuna tecnológica, como a cultura de tratamento de sementes, foi classificada como I, e as restrições sociais, como o elevado custo dos fertilizantes químicos, foram classificadas como I.

A maior parte das sugestões feitas, tendo em conta a opinião expressa dos inquiridos e a observação do investigador, pode dizer-se que "devem existir fontes de crédito flexíveis" foi classificada em I e deve ser dada ênfase à popularização e sensibilização para a pós-colheita da grama verde.

Palavras-chave: Motivação Económica, Programa de Entrevista, Orientação para o Risco, Indicadores Socioeconómicos, Orientação para o Valor

(Arvind Pratap Singh)   **(R.K. Doharey)**

I want morebooks!

Buy your books fast and straightforward online - at one of world's fastest growing online book stores! Environmentally sound due to Print-on-Demand technologies.

Buy your books online at
www.morebooks.shop

Compre os seus livros mais rápido e diretamente na internet, em uma das livrarias on-line com o maior crescimento no mundo! Produção que protege o meio ambiente através das tecnologias de impressão sob demanda.

Compre os seus livros on-line em
www.morebooks.shop

Printed by Books on Demand GmbH, Norderstedt / Germany